狗狗美容百科

164 個品種的基礎美容詳解！

按部就班的步驟，配合插圖更易懂！

楊豐懋、黑熊——譯　梁憶萍 老師——審訂

晨星出版

一般資料

犬隻的外部構造

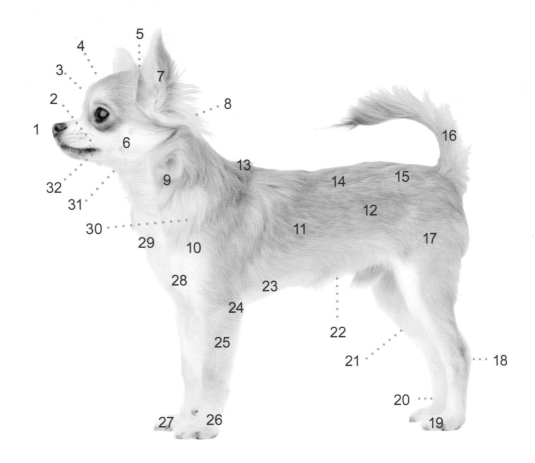

1. 鼻部	9. 頸部	17. 大腿	25. 前腿
2. 口部	10. 肩部	18. 飛節	26. 足骹
3. 額部	11. 肋骨	19. 後腳	27. 前腳
4. 頭骨	12. 腰部	20. 蹠骨	28. 前臂
5. 枕骨	13. 肩隆	21. 後膝關節	29. 前胸
6. 頰部	14. 背部	22. 腹部	30. 肩胛骨
7. 耳朵	15. 臀部	23. 胸部	31. 咽喉
8. 頸脊	16. 尾巴	24. 肘部	32. 嘴角

長遠來看，讓犬隻在幼年時便習慣於梳理能使你日後的梳理工作變得更加輕鬆，而你的堅持與耐心以及平靜的環境則相當重要。在開始梳理之前，先確定一切都在你的掌握之中。以和善又不失堅定的態度對狗進行指揮。在梳理的過程中，當狗遵從你的指示時，記得讚美他。在日常的梳理工作中也千萬不要心急。

梳理打結的毛髮

將拆結用的洗劑塗抹在毛皮上，確認你浸潤了所有打結了的部位。在對狗進行清理工作之前，先讓牠坐定五到十分鐘。用針梳和拆結排梳，從腳的底部開始，一次一小部分、一層一層刷開打結的毛皮。交替使用兩種梳子，往上、往下反覆梳動毛皮以梳開打結的部位。若是洗毛精卡在打結的部位將會很難用水沖乾淨，所以在為犬隻洗澡前一定要先將打結的部位處理妥當，這一點相當重要。而且水會使打結的部位變得更加緊繃，乾燥後打結的部位會更難處理，若是你沒有在為犬隻洗澡之前先清理打結的部位，狀況必定會變得更加棘手。

相較於其他品種，某些品種的犬隻比較不需要打理。

洗澡前要先梳毛。

梳開打結的毛皮絕不能成為犬隻的夢魘。每隻狗對事情的忍受程度不盡相同，有些犬隻似乎並不在意被拉扯，但有些犬隻卻會因為輕微的拉扯而不悅。絕不能為了處理打結的部位而使犬隻感受到壓力。如果犬隻不能接受梳理打結的部位，或是打結的部位真的無法處理，美容師應該在徵得飼主的許可下，使用十號或七號刀頭剃除該處的毛皮。犬隻的毛皮重新長出來之後，應該要定期清理，以免毛皮又嚴重地糾纏在一起。較不能忍受梳理皮毛的犬隻應該在三、四週大或更早的時候就先進行梳理。

梳傷

梳傷是梳理打結毛皮時用力過猛所造成的結果，可以視為是美容師粗心大意的象徵。針梳的牙對犬隻造成的擦傷就是梳傷。對於梳傷，可以請獸醫開立舒緩與治療受傷部位的藥膏來因應。

洗澡

洗澡是犬隻美容中相當重要的部分，沒洗乾淨的話，犬隻美容就不算完成。為了給予犬隻徹底的清潔，你必須確保泡沫有好好覆蓋犬隻的皮毛以洗去所有的髒汙，事後也必須確保所有的洗劑都有被沖乾淨。現在市面上的洗毛精都不是從犬隻的毛皮上將油脂帶走，而是在犬隻的毛皮上再加一層油脂上去。洗澡洗得好除了能讓犬隻覺得舒服之外，更能讓飼主看了舒服、聞了也舒服。

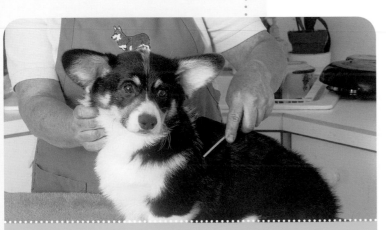
若是洗毛精卡在打結的部位將會很難用水沖乾淨，所以在為犬隻洗澡前一定要先將打結的部位處理妥當。

在為犬隻洗澡之前務必先為其進行梳理，梳去死去的毛髮與皮屑，梳開毛皮的同時也刺激循環。在洗澡之前，所有打結的部位都應該先行處理完畢。（請參見「梳理打結的毛髮」一節。）

不先幫犬隻洗澡，你就沒辦法為牠進行美容。

建議使用尼龍繫繩與項圈將犬隻固定在浴缸之中，適當固定犬隻不僅能確保犬隻的安全，更能防止你被濺濕。繫繩與皮帶也有助於在洗澡的時候讓犬隻保持靜止。如果犬隻表現出不舒服的樣子或開始扭動，你應該盡速鬆開牠的束縛，要是用的是金屬製的鍊條可就做不到這一點了。

如果犬隻的合作意願較高，那你只需要用在浴缸中間的掛勾來固定牠就好了。但若是比較靜不下來或是體型較大的犬隻，那就得用到浴缸前、中、後的三個鉤子了。有必要的話，可以將犬隻的頭部以前、中兩個鉤子進行固定，再以繩子固定犬隻的腹部並將其固定在後面的鉤子上。為了避免你被濺濕，要確保犬隻的頭部在浴缸的邊緣以下。以這種方式勾住犬

洗澡洗得好除了能讓犬隻覺得舒服之外，更能讓飼主看了舒服、聞了也舒服。

徹底沖洗乾淨以除去犬隻毛皮上的所有洗毛精。

隻使其感到安全，並防止牠在洗澡的時候轉身或是坐下，另外也要在浴缸中放置止滑墊避免犬隻滑倒。

讓一隻小狗進入浴缸不成問題，九十磅（約四十一公斤）重的狗可就是另一回事了。對犬隻而言最舒適的浴缸高度大概是與牠們腰部齊高，所以你必須訓練大型犬隻與你合作。大多數的犬隻經過訓練都可以走上斜坡，如果斜坡靠牆的話對牠們來說會更加容易。如果沒有可以充當斜坡的板子，也可以將犬隻的前腳放在浴缸的邊緣並從後方抬牠。要是犬隻在進入浴缸時吠叫，請將美容工作時用的桌子放在浴缸前，將牠的前腳放在桌上，從後方抬牠，牠應該會自己走進浴缸裡面。

將犬隻固定於浴缸後，用附有蓮蓬頭的軟管以溫水打濕牠的毛皮。水應該要能順利地從浴缸流入下水道，這樣犬隻才不會站在盛滿水的浴缸之中。用塑膠瓶或是起泡機將洗毛精塗抹於犬隻的毛皮之上。以手搓揉洗毛精，必要時加水，讓泡沫確實覆蓋犬隻的毛皮。千萬不要只洗毛皮的末端！務必讓洗毛精接觸到犬隻的皮膚，犬隻的全身，包括包括腹部、腳底、腳趾間、耳殼中等部位都必須洗乾淨。別讓洗毛精接觸到犬隻的眼睛，無刺激性的洗毛精也許不會造成犬隻的不適，但任何類型的洗毛精（和汙垢）都可能會導致眼部感染。如果某些部位特別髒的話，像是腿部或腳部，請用小毛刷刷洗這些部位。

當泡沫已經充分佈滿犬隻的毛皮，用溫水以適當的水壓進行沖洗。記得從後方沖洗頭部，這樣泡沫才不會進入犬隻的眼睛，並用拇指保護耳道，注意不要用水直接沖洗犬隻的耳朵。先沖洗一邊耳朵的周遭，再沖洗另一

邊的耳朵。如果犬隻真的很髒，那就再次搓揉泡沫清洗牠的毛皮。務必將所有的洗劑從毛皮上沖乾淨。

在犬隻還在浴缸裡的時候，以手擠出毛皮裡的水或是以吹風機把水吹掉。將犬隻裹在大毛巾裡面，再將牠從浴缸中爆出來，放在鋪滿厚浴墊的美容工作檯上。在浴墊上以毛巾擦拭犬隻的身體能讓牠更快變乾。

以沾有清潔劑的棉花擦拭耳朵。

耳部清潔

以沾有清潔劑的棉花擦拭耳朵，除去髒汙與耳垢後用乾棉花擦乾，再撒上耳藥粉。耳藥粉除了能讓我們更輕鬆地將毛髮從犬隻耳朵中拉出來之外，也有助於預防犬隻的耳部感染。

某些品種的耳道入口處的毛髮較多，需要加以清理。耳部的毛髮可以用耳鉗或是徒手拔除。如果你要用手的話，作業前後都要記得洗手，因為耳蟎可能會在指甲縫中茲生。幫犬隻清理耳毛時，拉起犬隻的耳朵，將其平放於犬隻的頭上，這樣你才可以一邊拔除外耳的耳毛一邊關閉並保護內耳。一次拔除一小塊耳毛就好，以免造成犬隻的不適。

眼部清潔

眼部清潔是犬隻美容中不可輕忽的一部份。眼部清潔的頻率因犬隻的品種而異，像是鬥牛犬這種眼睛較突出的品種就需要定期清理眼部。若是眼部發紅或較為敏感則應盡速諮詢獸醫

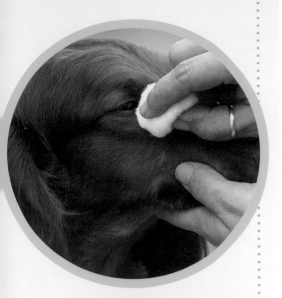

師，可以請獸醫師推薦用於清潔正常眼部分泌物造成之汙垢的藥劑。

面部皺褶清潔

　　像是沙皮狗這類的犬隻必須特別注意面部皺褶的清理，保持面部皺褶的清潔與乾燥有助於防止刺激與感染。

　　面部皺褶應該先以溫水清洗再輕輕擦乾，如果有紅腫跡象，可以塗抹玉米粉、嬰兒爽身粉或是滑石粉。犬隻應每週進行一次面部清潔。

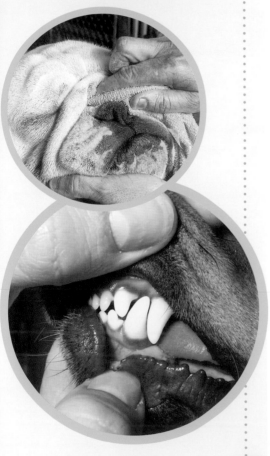

牙齒清潔

　　檢查牙齒也是犬隻美容的一部份。大量的齒垢可以用潔牙機或探針來處理，但這通常不算在美容師的工作範圍之內，而應該歸給獸醫師處理。不過你還是應該要檢查犬隻的牙齒，並向飼主回報犬隻牙齒的狀況。好的牙齒潔白而乾淨，上頭不應該留有任何的殘渣。

　　可以建議飼主或多或少使用潔牙骨，像 Nylabone 製造的潔牙骨就有助於去除牙菌斑。這些產品有分可食用與不可食用的類型，但都有助於清潔牙齒、清新口氣。雖然玩具和潔牙骨無法代替刷牙，但它們還是有助於去除部分的牙菌斑，鍛鍊犬隻的下巴，並滿足犬隻對於咀嚼的需求。

　　玩具和潔牙骨會如此重要還有另一個原因，它們能滿足犬隻啃咬東西的需求，避免牠們去啃咬其他不適合的物品。潔牙骨有各種的形狀和大小。經過特殊設計的尼龍與橡膠骨頭，像 Nylabone 出產的那些，就非常適合用來滿足犬隻的咀嚼需求。有一些互動式的橡膠玩具內部是空心的，飼主可以將零食置於其中供犬隻尋找。絨

毛玩具的耐用程度各不相同，有些很容易會被犬隻撕碎，如果犬隻會撕咬、扯出並吃下內容物的話，那還是挑選較耐用的類型比較好。

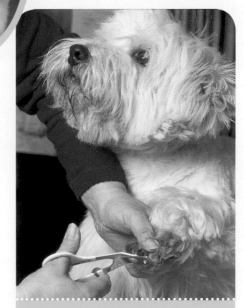

指甲修剪

比起經常待在家中或是柔軟地面上的犬隻，經常待在戶外或在堅硬地面上的犬隻會比較不需要頻繁地修剪指甲。

為犬隻修剪指甲的時候務必留心，不要剪到指甲下的血管。剪到指甲下的嫩肉會導致犬隻的痛苦，更會讓你在日後需要修剪犬隻指甲時面臨一場混戰。準備好止血粉（或止血筆）以防萬一。

小心地抓住犬隻的腳掌，剪掉指甲的尖端就好。粗糙的指甲表面可以用剉刀進行修整。

【註：雖然用在犬隻身上時，「腳爪（claw）」是較正確的用語，但由於美容業界不常用這個詞，所以本書中都用比較常用的「指甲（nail）」。】

特製的指甲剪可以讓修剪指甲的過程快速而無痛。

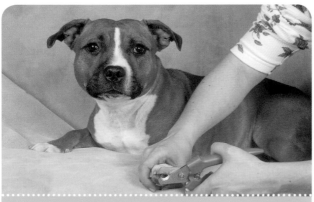

指甲下方的嫩肉裡面有血管，修剪指甲的時候要留意，別剪到了。

在一般情況下，簡單的梳理就可以將犬隻的外皮維持得相當良好了。

打理毛皮

打理犬隻的毛皮就像是在保養自己的頭髮。如同人類的護髮專家會提供特殊的油脂處理、按摩與化學製品，也有類似的產品可以用於打理犬隻的毛皮。

在一般情況下，簡單的梳理就可以將犬隻的外皮維持得相當良好了。犬隻需要毛皮上的油脂來維持其基本的防水性。如果犬隻的外皮過於乾燥，這可能意味著牠的飲食中缺乏脂肪。

市面上有許多調理犬隻毛皮的產品。可以試試看哪一種的效果比較好，畢竟有些產品對某些犬隻毛皮效果很好，但卻對其他犬隻毛皮效果不甚理想。

乾洗毛皮

狗狗剛剛才接受過犬隻美容就在汽車底下鑽來鑽去，弄得背部油膩膩的。小狗年紀太小不能洗澡，卻又髒兮兮的。這種情況該怎麼處理？答案很簡單。乾洗就好。

基本上,「乾洗」也不盡然是「乾」的。乾洗的程序中包含了泡沫跟噴霧劑,但是這些產品大多會被視為「去汙劑」。如果你願意的話,你也可以把這些泡沫和噴霧噴灑在整隻狗身上,不過這很費工。當然也有乾洗粉,但如果說到清潔犬隻,沒有任何一項產品能比得上實實在在幫犬隻洗一次澡。不過這些產品在應對較小區塊的髒汙極為有效,尤其是對於白色的犬隻來說。

你可以依據你的經驗決定在何種情況下採用何種的乾洗劑,但謹記一句話:所有的乾洗劑都有化學成分。這些化學成分可能使較敏感的犬隻產生皮膚上的問題,也可能使長毛的品種毛皮嚴重打結。務必謹慎使用。

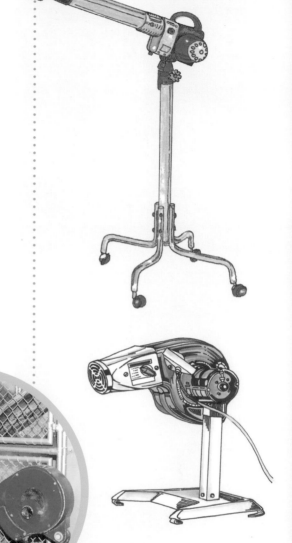

強制乾燥

用在我們自己身上,你可以選擇風乾、用乾毛巾摩擦或用吹風機以熱風吹乾你的頭髮。同樣的技術也適用於犬隻身上。

所有專業人士都應該要有屬於自己的一套烘毛機,像是人類的頭髮一樣,藉以將犬隻的毛皮吹乾,使其顯得蓬鬆,看起來也更加專業。吹乾犬隻的毛皮是一門技術,需要在吹乾毛皮的同時以梳子使毛皮變得蓬鬆。以梳子覆蓋住毛皮、轉動並提起梳子,使毛皮的根部露出,再將熱空氣引導到刷子上。(因為熱空氣很燙,所以不能直接對著犬隻的皮膚吹。)等梳子上的毛皮乾了就把烘毛機移開,而此時毛皮也

在專業的美容流程中,以熱風乾燥是其中一項標準程序。在你要吹乾同時梳理犬隻毛皮時,你可以用落地式的烘毛機,你也可以把它放在籠子的前面。相對的,桌上型的烘毛機可供手持,跟落地式的比起來也較能精準地指向你想吹乾的部位。

對於某些品種，你可以在夏天讓其毛皮自然風乾或用毛巾擦乾就好。

將被梳得相當蓬鬆。一次又一次地重複這套流程，直到犬隻全身都乾了為止。不過顯然這種技術不適用在短毛品種上！要能成功將這套技術運用在如貴賓狗之類的犬隻身上會需要更高超的技巧，因為對這類的犬隻而言，頭部與身體的蓬鬆感對犬隻的整體外觀尤其重要。

籠式乾燥則是將烘毛機連接到籠子上，以經過加熱的乾燥空氣不斷吹拂犬隻，從而使其毛皮變得乾燥。這套技術主要是用於短毛品種的犬隻身上，像愛爾蘭雪達犬，牠們的毛皮不需要顯得蓬鬆。市面上可以買到特殊的烘毛籠，它們的通風效果極為良好。

毛巾或是風乾則是讓犬隻自己甩乾毛皮上多餘的水分。在犬隻用完身體之後，用乾毛巾輕輕擦拭，雖然犬隻身上還有點濕，但這個時候就可以放開牠，讓犬隻的毛皮自然乾燥，或是更常見的，犬隻會在草地或地毯上打滾，藉以加速乾燥的過程。在夏季，自然風乾或單用毛巾擦拭當然沒有問題，但當外面很冷的時候，只要犬隻的毛皮還沒全乾，那就不能放開牠們。

足部修剪

　　長毛品種的犬隻是高度近親繁殖的產物。跟野狗、野狼及其犬科後裔相比，長毛品種的犬隻顯然很不正常。牠們異樣的長毛生長的地方也包括了牠們的足部。除了其他特定需要長時間在冰雪上行走的品種外，所有其他長毛品種的犬隻趾間毛皮都應該定期清理。如果你看到犬隻在咬牠們的腳，那就代表牠需要足部修剪了。

　　用剪刀或是帶有適當刀刃（十號或十五號）的電剪，剪去肉趾之間的毛，但別剪得太乾淨，要留一點來保護犬隻肉趾之間的皮膚，在冬天時更是如此。許多犬隻在牠們必須走在冰上時會想跳進主人的懷抱裡，就是因為牠們的腳太冷了。

下側修剪

　　在修剪犬隻足部的毛皮時，你也可以順便修剪牠的腹部與肛門部位。需要的工具是一樣的：剪刀或是十號刀刃的電剪。犬隻腹部的毛皮不必剪得太徹底，但一定要修剪乾淨。雄性犬隻陰莖

在修剪完犬隻的足部後，你可以順便修剪牠的腹部和肛門部位。

附近的毛皮也應該進行適當的修剪，這樣才不會沾上汙垢。肛門附近的毛皮應該要修剪乾淨，長毛品種犬隻肛門附近的毛皮也要剪短，這樣才不會在犬隻排泄沾黏到穢物。不要在犬隻肛門附近沒有毛皮的肌肉上使用理毛剪，這個地方很敏感，這樣會導致犬隻不適，還有可能會造成感染。因為剪刀能在不與皮膚有實際的接觸情況下修剪足夠長度的毛，所以剪刀也許是最適合修剪肛門附近毛皮的工具。

狗的氣味與古龍水

犬隻的肛門附近有兩個腺體，而犬隻通常會在排便時自然清空這兩個腺體，但有時候腺體會堵塞、腫大，造成犬隻的不舒服。雖然清理這些腺體不是什麼困難的事情，但這不是美容師的職責，而是屬於獸醫師的工作。腺體沒有被清空可能意味著某些嚴重的潛在問題，遇到這種情況應該要立即諮詢獸醫師。如果犬隻的那個部位會散發惡臭，請進行檢查以避免造成健康上的疑慮。

使用古龍水或除臭劑是一種個人的選擇。許多飼主會在犬隻身上使用昂貴的香水，

是因為飼主會帶著犬隻，但又不希望犬隻的氣味干擾到自己的香水味。噴香水是一種可以收費的服務，雖然香水對犬隻的健康沒有任何幫助，但香水能讓犬隻更加惹人喜愛。

骹部與腿部關節的保養

像是聖伯納和德國短毛指示犬這類較大型的品種，會需要特別注意其骹部與腿部關節（飛節和膝蓋）。如果犬隻經常躺在易磨損的表面上，可能會造成發炎或禿斑。若想預防或緩解這種情況，請使用獸醫師所建議之藥劑。

修剪鬍鬚

犬隻若是要參展的話，就要注意到牠們的面部毛皮。然而，飼主對鬍鬚的喜好不盡相同。如果要修剪鬍鬚的話，請使用與之前相同的器具，剪刀或是帶有十號或十五號的電剪。許多犬隻都需要透過美容來塑造他們的臉型，貴賓犬尤其如此，而這要取決於飼主希望他們的犬隻呈現出什麼樣的外型而定。

修剪鬍鬚要用剪刀或是帶有十號或十五號的電剪。

除毛有點像在拔毛，但你要用拇指抵著刮刀，並在你拉扯的時候剃掉犬隻的毛。

拔毛與除毛

　　在以往，拔除剛毛品種的毛被認為是一項不得不做的工作。這項痛苦的技術只能在犬隻毛髮正常脫落的時候使用。用你的拇指和食指抓住一小撮毛，然後迅速地把它拔掉。這件事情光想就很痛，可是拔毛就是這樣，就跟你拔自己的眉毛差不多（如果你會這麼做的話啦），真的很痛。參展的時候，有些美容師會拔除某些剛毛品種的毛，像是雪納瑞或㹴犬等，但我們並不推崇這種做法。

　　除毛有點像在拔毛，但你要用拇指抵著刮刀，並在你拉扯的時候剃掉犬隻的毛。一般都認為，相較於拔毛，這項技巧比較人性化一些，但對於美容師而言，這項工作還是很令人難受——對於狗而言就更不用說了。電剪可以用在各種用途上，用起來就跟一般拔毛時一樣好。

繩索狀毛的維護方法

　　要照料繩索狀毛種波利犬這類有著像是拖把特殊外型的犬種，只要遵循正確的梳理原則，其實並不會太難。把毛皮梳理整齊，使其自然垂落並看起來輪廓分明即可。

掉毛

　　大多數的犬隻都會掉毛，但像是英國古代牧羊犬這類的長毛品種就需要每週至少梳毛三次來防止

毛皮打結，此舉也有助於維持毛皮的整
體外觀。

剪毛

電剪是現代犬隻美容的基礎工具
之一，而它又會因為各種需求而搭配不
同的刀刃。以前的人們理髮都只會用
剪刀，但現在就經常用到理髮剪了（尤
其是男士的短髮）。電剪的概念是讓美
容師得以輕輕地剪去多餘的毛，留下
想要的長度的毛。電剪跟電動剃刀不
一樣，剃刀是用來剃光的。

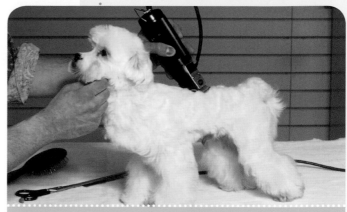

使用理毛剪的目的在於溫和地減去多餘的毛髮，讓毛皮呈
現想要的、決定好了的長度。

幫犬隻修剪時，手腕的靈活度極
為重要。遵循下列的簡單原則，你就
不會把犬隻剪得東缺一塊西缺一角的
了。

小心地將刀刃平抵著要修剪的部
位，將電剪順著毛的方向移動，除非
操作指南有指定另一種方式。

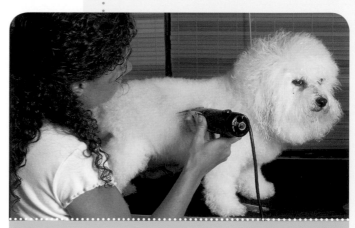

使用理毛剪跟剪刀幾乎就是犬隻美容的全部。

不要讓電剪接觸到犬隻的皮膚，
那會造成灼傷和割傷。學習使用電剪很簡單，但
這是一門美容師都必須掌握的技巧。

剪刀也是一樣的。用完電剪，就得用剪刀來
進行最後的潤飾。使用剪刀的嫻熟度可以作為衡
量你能力的依據之一。無論在何種情況下，剪刀
都必須保持鋒利，否則在修剪的時候可能會拉扯
到犬隻的毛，然後讓你被狠狠咬上一口！

使用電剪跟剪刀幾乎就是犬隻美容的全部，
要是你沒辦法掌握這兩項技巧，那還是讓別人來
做這項工作吧。

混種
犬隻的美容

　　對混種犬隻來說，每隻狗都有好運的一天，至少牠們肯定是人類最好的朋友。雖然說混種犬隻的血統並不純正，但牠們卻有著許多身為伴侶犬所應具備的理想特質，因此無論是寵物還是守衛的工作都能做得相當稱職。混種的犬隻有各種的外型和大小，像是較大型的與牧羊犬混種的犬隻會美容來符合牠們的名字，或根據毛皮的厚度來與阿拉斯加雪橇犬進行混種。中小型混種犬隻（如㹴犬或貴賓犬混種）的飼主都知道，這些犬隻和純種的犬隻一樣要定期接受美容。犬的混種大多有著毛茸茸的外觀，如果修剪成捲毛獵狐㹴的樣子也會很好看。許多貴賓犬的混種都有著類似羊毛質地的毛皮，這些犬隻的飼主大多喜歡將牠們剪成特定的造型（像是綿羊型或狗舍型）。然而，如果希望㹴犬或貴賓犬混種呈現出不同的風格，那麼美容師也可以將其修剪為有名的「泰

迪熊」型或是幼犬型。至於小型混種的犬隻，如拉薩犬、馬爾濟斯、約克夏㹴等混種，我們應該鼓勵美容師自行判斷。一般來說，飼主會比較喜歡簡單、可愛、易於維護的外觀。

身為一個有自主判斷能力的個體，美容師在對犬隻進行美容時，可以決定要將犬隻修剪成圓臉來使其顯得可愛或是將其剪得修長來顯得高貴。類似的概念也可以用在雪納瑞與貴賓犬的混種上，某些飼主會希望能將其修剪成雪納瑞的造型，好讓其看起來更像是這個品種。如果犬隻有著雪納瑞的毛色，卻又像貴賓犬一樣有著毛茸茸的毛皮，美容師還是可以將其修剪成圓滾滾的可愛樣貌。毛皮略顯厚重的可卡貴賓犬很難維持綿羊型的剪裁，當然，許多美容師也會在碰到美國可卡犬／貴賓犬類型的犬隻時有同樣的問題。一般來說，把毛剪短可卡貴賓犬會比較舒服，而根據飼主的喜好，狗舍型、剪成貴賓犬的樣子或合適的泰迪熊型（頭部和臉部的毛剪短）的效果都不錯。混種的犬隻還有另一種選項，那就是小獵犬型，用眉毛或是「面罩」來遮住牠們的雙眼。

對混種犬隻進行美容是對美容師的真正考驗，其唯一目標是在於讓犬隻具有吸引力的同時又能兼顧衛生。

泰迪熊型／幼犬型

泰迪熊型有時候也被稱為幼犬型，是一種適用於特定品種犬隻的造型，像是拉薩犬、西施犬、約克夏狍等，藉以呈現出圓臉、可愛的外觀。在梳理、洗浴、吹蓬之後，依照下列的步驟進行。【注意：15號刀頭僅適用於約克夏狍（用於剃除耳朵的末端）。】

美容的步驟

1. 使用帶有1號、1號半或2號的梳子（取決於所需的毛長），由頭蓋骨後方開始，從耳根底部和下頜線下方修剪全部的皮毛（略過頭部、臉部、鬍鬚和耳朵）。
2. 使用金屬製的疏齒排梳與剪刀，使毛的末端均勻地變得蓬鬆，尾部除外。
3. 將頭部前面半英吋（約1公分）的毛往前梳過眼睛，用剪刀將毛均勻剪齊眼睛。將頭部其餘部分的毛剪齊這個長度，耳朵和臉側的毛也比照辦理。【注意：頭部、臉部和鬍鬚的長度要依據身體的毛長修剪。】
4. 將臉部的毛與鬍鬚向下梳，修剪耳朵根部到鬍鬚的毛，讓前面呈現出一個U型。
5. 順著鬍鬚與U型修剪臉部兩側的毛。
6. 以密齒排梳進行梳理，並剪去廢毛梢。
7. 依照先前說明中的指示，修剪犬隻的足部以完成這次美容程序。

工具與設備

- 棉球
- 拆結排梳
- 排梳（疏齒／密齒）
- 耳藥粉
- 指甲剪
- 10號、15號刀頭的Oster A5電剪，1號、1號半2號刀頭的理毛剪（搭配30號刀頭使用）
- 橡皮筋
- 剪刀
- 針柄梳

如果想要呈現出圓滾滾的可愛樣貌，選擇泰迪熊型就對了。

設備

梳子

柄梳：小至玩賞犬，大至可麗牧羊犬，各種體型的犬隻都適用。非常適合用來梳開毛皮、去除廢毛。針的品質要好、不會變形才好。

豬鬃梳：適合用來做日常梳理之用。可以除去廢毛，並將犬隻自然分泌的油脂均勻塗抹在毛幹上。能促進毛皮的健康與亮澤。

橡膠梳：非常適合用來清除短毛品種犬隻毛皮上的灰塵與廢毛。同樣也適用於貓身上。

澡刷：用來將短毛犬種身上的灰塵與廢毛帶走。

針梳：帶鉤的柄梳有助於梳開打結的毛。

曲面針梳：針較粗、帶有弧度的針梳，用於去除廢毛、毛結與皮屑，特別適合用在如古代英國牧羊犬這種毛又多又長的犬種身上。

軟式針梳：針較細、重量也較輕的針梳，用於貴賓犬與毛打結了的玩賞犬，如約克夏狹。

梳子的種類包括針梳、柄梳與梳刷。

梳子與耙子

梳子：梳子有許多種形式與樣式。最常用的梳子是細／中的組合。梳子握起來的感覺必須要很舒服，梳齒的間距要適合於你要進行美容的犬隻毛皮。

開結梳：開結梳被設計用來在不破壞毛皮的情況下梳開打結的毛。開節梳的梳齒較厚重，一邊較為鋒利，鈍了還可以再磨。由於兩邊都可以用，左撇子的美容師也可以用得得心應手。有些開結梳只有一顆梳齒，上面會有可替換的剃刀。開結梳必須定期保養以維持狀況良好。

拆結牙梳：有兩種，一種適用於短毛品種，另一種則適用於長毛品種。在去除鬆散的底層毛時相當好用。

多功能木梳：特別適用於毛極長的品種，如可麗牧羊犬。便於使用，可以插入厚重的毛皮當中並梳出鬆散的底層毛。

底層毛梳：可以梳蓬毛皮並去除死去的底層毛，特別適用於德國牧羊犬之類的品種。

梳子有許多種形式與樣式。

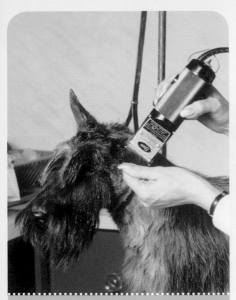

理毛剪有許多搭配的刀頭，有用螺絲固定的，也有扣式的，當然還有其他的配件。

電剪與配件

指甲剪（圓洞式）：分做適用中型犬隻的一般尺寸與適用大型犬的超大型尺寸。剪刀式的指甲剪較適用於小型犬隻與貓。超大型剪刀式非常適合用來修剪過長的指甲。

Oster A-2 理毛剪：理毛剪上的刀頭要用螺絲起子才能拆得起來，不然你就得要有可替換的頭。這種理毛剪也能用來磨指甲。

Oster A-5 理毛剪：這種理毛剪帶有扣式的刀頭，便於使用與維護，適用於所有種類的毛皮。

Oster 刀頭：用以搭配 A-2 與 A-5 理毛剪。數字愈大，刀頭就愈密。刀頭有 30 號、15 號、10 號、9 號、8 號半、7 號、7 號 F、5 號、5 號 F、4 號、4 號 F、5 / 8 號、7 / 8 號、8 / 8 號。

Oster 噴霧潤滑油：用於冷卻和潤滑刀頭，能防止刀頭變鈍。

刀頭套片：可以裝在理毛剪頭部的梳狀配件；有各種尺寸。在修剪毛皮時，可以將頭髮均勻地剪成想要的長度。

弧形剪刀：能在犬隻的毛皮上剪出圓滑的形狀，尤其是在肩部、兩側和胸部。

剪裁工具

雙面修剪器： 帶有可拆卸式剃刀的剪刀。

耳鉗： 有各種尺寸和重量。有些是彎曲的，有些是直的。可以依照美容師的個人喜好來決定要用哪一款。

蛻毛刀： 可以只去除蓬鬆的毛，拉出蓬鬆的底層毛與外層絨毛。

小型蛻毛刀： 拉出蓬鬆的底層毛與外層絨毛，適用小型犬，如吉娃娃與短毛貓。

刮刀： 分粗、中、細規格。一般來說，在頭部、耳朵這種毛比較細的地方會用細的刮刀，中和粗的會用在身體部位。

剪刀： 剪刀有各種尺寸，從修剪耳毛、鼻毛用的小剪刀到又大又長的都有。剪刀應該要握起來舒適、平衡感良好，刀鋒也要保持銳利。盡量選擇可以重新打磨的類型。每個人對剪刀的風格喜好不盡相同，請謹慎選擇。

打薄剪： 你所使用的打薄剪類型取決於你所要處理的毛皮種類。樣式有分單鋒或雙鋒，齒的數量則從三十到四十六不等。

拋光手套能讓毛皮閃閃發光。

拋光手套與拋光布料

麂皮布：用於拋光短毛犬種的毛皮。

梳毛手套：用於拋光短毛犬種的毛皮，如杜賓犬和巴吉度獵犬。

絲綢手帕：用於拋光白色短毛犬種的毛皮。

美容桌與美容檯

美容檯：有各種款式與尺寸。如果你要對大型犬隻進行美容，那麼美容檯應該至少要有 48 英吋（122 公分）高，這樣才能在提升犬隻高度的時候維持其穩定。橫越桌子的美容檯（與固定在桌子邊緣的美容檯相比）是最為方便的，因為你可以在桌子四周自由移動而不必擔心會撞到美容檯或是扯到電剪的電線。還有一種美容檯是連結在桌子上的，上頭還有一條皮帶可以用來防止犬隻在美容的時候坐下。這條皮帶應該要是尼龍製的，並要有一個安全鎖；皮代應該要易於解開，但也要有足夠的安全性，讓犬隻不會輕易滑落美容檯。

美容桌：標準的美容桌為 24 英吋 × 36 英吋（61 公分 × 91 公分），不過也有小一點的尺寸，18 英吋 × 24 英吋（46 公分 × 61 公分）。如果你要進行美容的不是大型犬隻，你可以使用較小的美容桌就好。有些犬隻在沒有足夠空間可以手舞足蹈的時候會比較乖一點。所有的美容桌表面都應該要是以橡膠或其他易於消毒的止滑材質製成的。

油壓美容桌：這些美容桌有各種尺寸與形狀，它們可以依照美容師的需求升高、降低、旋轉。雖然油壓美容桌比一般標準美容桌昂貴，但是其易操作性與舒適度卻也讓使用者的脖子與背部更為舒適。這些工作桌適用於所有犬種，在對大型犬隻進行美容的時候尤其好用。

犬隻在桌上或籠子裡的時候，落地式烘乾機的效果十分良好。

烘乾機

掛籠式：這種烘乾機是附在籠子上的，讓犬隻可以在籠子內烘乾毛皮。

落地式大吹風機：不管犬隻是在桌上還是籠子裡都適用，品質較好的大吹風機應該能夠自由旋轉，並有一個可以升降的檯子。

吹水機：這種烘乾機是犬隻還在浴缸裡的時候用的。它可以用巨大的力量將水從毛皮上吹落。由於沒有加熱元件，耗電量較其他烘乾機低上許多，也降低了烘乾犬隻的時間。

其他美容輔助工具

泡沫機：用來噴灑洗毛精的機器，由於噴灑的是洗毛精的泡沫而非單純的洗毛精，可以避免洗毛精使用上的浪費。

斜坡：讓狗進入浴缸或爬上桌子的好幫手。有些是摺疊式的，可以在不用時收納起來。

優良的烘乾機應該要有可升降的椿。

Oster 牌的各種刀頭

修剪身體用

4號 跳齒 3 / 8英吋 （0.95公分）	4號F 全齒 3 / 8英吋 （0.95公分）	5號 跳齒 1 / 4英吋 （0.6公分）	5號F 全齒 1 / 4英吋 （0.6公分）	7號 跳齒 1 / 8英吋 （0.3公分）	7號F 全齒 1 / 8英吋 （0.3公分）

泛用

8號半 泛用—— 尤其適用於㹴犬 5 / 64英吋 （0.2公分）	9號 中型—— 收尾用 1 / 16英吋 （0.16公分）	10號 中型—— 一般部位與腹部 1 / 16英吋 （0.16公分）	15號 中型密齒—— 適用於貴賓犬 3/16英吋 （0.12公分）	30號 密齒—— 需要參展的專業 美容師愛用款 1 / 100英吋 （0.03公分）

特殊用途

40號 修剪要手術的 區域用 1 / 125英吋 （0.02公分）	大片刀頭 這種特殊設 計的刀頭特 別適合用來 修剪表層的 毛皮 1 / 32英吋 （0.08公分）	5 / 8號 5 / 8英吋 （1.6公分） 寬—— 可以靠近犬隻 身體進行修剪 與收尾 1 / 32英吋 （0.08公分）	7 / 8號 7 / 8英吋 （2.2公分） 寬—— 可以靠近犬隻 身體進行修剪 與收尾 1 / 32英吋 （0.08公分）	8 / 8號 1英吋 （2.5公分） 寬—— 可以靠近犬隻 身體進行修剪 與收尾 1 / 32英吋 （0.08公分）	超寬「一般」 美容刀頭 可以做最大幅度 的修剪；由於加 寬的刀頭，美容 師得以進行快速 而輕鬆的修剪 1 / 16英吋 （0.16公分）

犬隻品種美容

猴狸

1. 修剪指甲，只剪去最前端的部分；要避免剪到肉。如果流血了，用止血粉來止血。粗糙的部分用銼刀打磨圓滑。

2. 用手指拔除耳道所有的毛。用耳朵清潔劑清理耳朵。以棉球沾耳朵清潔劑，清除兩耳累積的髒汙與耳垢。

3. 以針梳梳理犬隻的全身以清除壞死的毛髮並開結。

4. 以刮刀去除生長於犬隻背部的壞死或蓬鬆毛皮，直到毛皮等長且平順。頸部、頭顱到肩部、肘部、肋部、到腿部也比照辦理。

5. 以你所選擇的洗毛精為犬隻洗澡並徹底沖洗乾淨。

6. 用毛巾初步擦乾犬隻身體，再以烘毛籠烘乾。

7. 以直式剪刀修剪長於肉球間的毛，稍微修圓腳掌。

8. 用魚骨剪剪去耳廓外從耳朵根部到耳朵末端的毛。再用直式剪刀修剪耳朵附近的毛，使其與耳廓的毛等長。

9. 用魚骨剪修剪面部的毛，使犬隻從前方看來呈圓形。眼角附近的毛也一併處理。

10. 腳部過長的毛以魚骨剪去除，這樣看起來才會比較自然。

11. 胸部以下的毛也用魚骨剪剪出需要的形狀，從肘部到腰部進行修剪。

12. 肛門附近的毛視情況修剪，尾巴也可以用魚骨剪進行修剪。

　　猴狸要看起來整潔，但修剪的痕跡不能過重。這個品種的犬隻看起來要自然，大約每六到八週就應該美容一次。

工具與設備

- 魚骨剪
- 梳子
- 棉球
- 耳朵清潔劑
- 指甲剪（圓洞式或剪刀式）
- 洗毛精（泛用型或增蓬型）
- 針柄梳
- 直式剪刀
- 刮刀
- 止血粉

美容程序

1. 阿富汗獵犬要能呈現出牠最自然的樣子。毛皮不需要修剪。美容師的目標在於使其毛皮厚實、柔滑、質地細緻，讓毛皮在背後呈鞍狀。

2. 必須在洗澡前先進行梳毛的動作，藉此去除壞死的毛，並梳開打結的部分。

3. 先以優質的毛皮敷料或貂油輕輕沾濕部份的毛皮。用大型柄梳往上梳，再將梳齒頂著皮膚往下梳。

4. 刷毛是阿富汗獵犬美容的第一個步驟，也是最重要的一步。洗澡前的徹底梳理需要正確的工具，同時也相當耗時費力。糾纏打結的毛皮在洗澡時會更加難以處理。要是毛皮的狀況糟糕到開結會造成犬隻受傷，那最好直接剔掉，讓毛皮重新生長。先從後軀、後肢與腹部，然後到身體、前肢，最後是頭部和尾巴，依照這樣的順序梳理毛皮的話，犬隻就較不容易受到刺激。

5. 接下來是剪指甲。在洗澡前剪指甲可以避免好不容易洗乾淨的腳被血液或止血粉弄髒。

6. 以棉球沾優質的耳朵清潔劑來擦拭耳朵，並同時檢查是否有感染的跡象。

7. 洗澡時要使用適合該犬隻皮膚與毛皮的洗毛精。

8. 下一步是烘乾毛皮。毛皮烘乾之後，用梳子檢查有沒有糾纏打結的地方。

9. 用剪刀修剪腳部外側的毛皮，使其呈現圓形。肉球的部分也要剪去多於的毛。

10. 腳部過長的毛以魚骨剪去除，這樣看起來才會比較自然。

11. 胸部以下的毛也用魚骨剪剪出需要的形狀，從肘部到腰部進行修剪。

12. 肛門附近的毛視情況修剪，尾巴也可以用魚骨剪進行修剪。

阿富汗獵犬

工具與設備

- 毛皮藥膏
- 棉球
- 耳朵清潔劑
- 美容噴霧
- 大型柄梳
- 拆結排梳
- 刀梳
- 指甲剪
- Oster A-5 理毛剪10號刀頭
- 剪刀
- 針梳
- 排梳
- 止血粉

萬能㹴

美容程序

1. 用針梳梳理包含尾巴的犬隻全身，再用排梳梳過。（毛皮的質地可以分為粗糙又毛絨絨的以及柔軟、摸起來像棉花的兩種，後者比較會打結。）以開結梳去除打結的部分。

2. 以藥用耳粉清潔耳朵，輕輕拔除耳朵內的雜毛。

3. 用棉球沾眼藥水清潔眼睛部位。有些眼藥水還能去除眼睛週遭的淚痕。

4. 以大型指甲剪剪去指甲的尖端，小心不要剪到肉。

5. 用 Oster A-5 理毛剪的 10 號刀頭剃毛頭部，從眉心剪到頭顱後方。【注意：剃除頭部、面部、喉部時要刮乾淨。】再從眉心剃到眼睛外側的角落。這條線應該位於內眼角上方 3 ／ 4 英吋（2 公分）左右，然後慢慢變細到外眼角，構成一個三角形。接下來，從外眼角下方剃到距離嘴角 3 ／ 4 英吋（2 公分）左右的地方，然後讓這條線延伸過下顎。

6. 剃去耳朵兩側和後面的毛，再往下剃到喉部底部，形成一個 V 字形。

7. 剃去肛門部位的毛，小心別讓刀頭直接碰到皮膚（距離 1 ／ 8 到 1 ／ 4 英吋，0.3 到 0.6 公分）。

8. 剃腹部區域的毛，從腹股溝剃到肚臍下方再到大腿內側。

9. 使用 Oster A-5 理毛剪的 8 號半、7 號或 5 號刀頭（取決於所需的毛皮長度），從頭顱底部修剪到尾巴根部。

10. 修剪尾巴的上半部，將層次融入兩側。將兩側向下梳，剪去下方的邊緣，形成羽毛狀。

11. 用理毛剪修剪從頸部經肩部到肘部的毛。

12. 斜向下修剪胸部到胸骨，到雙腳中央前方。

13. 從背部下方的修剪痕跡繼續，修剪腹部兩側，使其成為拱型的形狀。（從側面看，修剪的線條應該從胸骨斜向下，穿過前腿的上

方，向上傾斜穿過腹部，在臀部上方拱起並向下到達後方。）

14. 用針柄梳梳理毛皮，以去除多餘的毛。

15. 為防止水分進入耳道，先將棉球塞入耳朵中再幫犬隻洗澡。洗完之後以烘毛籠烘乾。【注意：如果犬隻的毛皮是摸起來像棉花的那種，建議烘乾時不要用熱風以避免打結。】

16. 梳毛。

17. 用先前用過的 Oster A-5 理毛剪，重覆該步驟，整理毛皮的層次。

18. 以剪刀修剪耳朵邊緣的毛。

19. 在眉心修剪出一個 V 字形。

20. 將臉部和眉毛的毛向前、向下梳。用剪刀從鼻子底部以一定角度對準外眼角，以這個角度修剪眉毛，形成一個三角形。注意別剪掉吻部的毛。

21. 修剪下顎的鬍鬚邊緣與兩側的雜毛。用打薄剪修剪鬍鬚的形狀，使其呈長圓筒狀。

22. 用打薄剪修剪口鼻部位的雜毛。

23. 修剪肉球縫的的毛，讓犬隻在站立的時候可以使腳呈現圓形。【注意：這樣做可以在稍後修剪腿部時有個基準。】

24. 將前腳剪成圓筒狀。

25. 將胸部邊緣的毛修剪均勻。

26. 沿著犬隻身體的邊緣修剪腹部，讓前腳的肘部到側腹呈現出修長的感覺。

27. 依照自然的輪廓修剪後腿。（從後方看，兩隻後腿的外側應該要是直的。內側也要維持筆直，到大腿的地方要呈現拱型接到剃出的線條，形成「萬能㹴的拱型」。）

28. 輕輕梳理腿部、輪廓和面部，去除多餘的毛，視需求修剪雜毛。

　　萬能㹴每六到八週就應該美容一次。耳朵則需要每週檢查一次，在必要時進行清潔，指甲在美容時一併檢查與修剪。

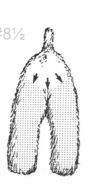

#5, #7, #8½

← #10

← #5
　#7
　#8½

秋田

工具與設備

- 棉球
- 眼藥水（除淚痕液）
- 大型指甲剪
- 大型柄梳
- 藥用耳粉
- 排梳（大齒）
- 廢毛梳（大齒）
- 剪刀
- 針梳

美容程序

1. 從頭部開始，梳理犬隻全身的毛皮。
2. 用廢毛梳溫柔地耙梳毛皮。在非換毛的季節，不要把底層毛耙掉；只要用耙或排梳梳開糾結的毛即可。
3. 以藥用耳粉清潔耳朵，輕輕拔除耳朵內的雜毛。
4. 用棉球沾眼藥水清潔眼睛部位。有些眼藥水還能去除眼睛週遭的淚痕。
5. 以大型指甲剪剪去指甲的尖端，小心不要剪到肉。
6. 用剪刀修剪吻部、下巴、臉頰兩側與眼睛上方的毛。【注意：要不要修剪這些毛由飼主決定。】
7. 為防止水分進入耳道，先將棉球塞入耳朵中再幫犬隻洗澡。吹乾犬隻的毛皮，但不要用熱風。你也可以先用烘毛籠烘乾外層的毛皮，再用冷風搭配大型柄梳吹蓬。
8. 以大型柄梳迅速梳理毛皮，再用排梳梳掉廢毛。
9. 用剪刀剪去肉球與腳趾間的毛，以及腳邊緣的毛來呈現出整潔的樣子。

美容程序

1. 將蛋白質護毛素噴灑於犬隻全身的毛皮，強健毛皮並修復分叉。用針梳梳理毛皮以除去廢毛，再用拆結牙梳梳理鬆散的底層毛。

2. 以沾有清潔劑的棉球擦拭耳朵以去除異味，然後用乾棉球擦乾耳朵，再用藥用耳粉擦拭耳朵。

3. 以圓洞式指甲剪修剪指甲。指甲應該每個月進行修剪。

4. 以中性偏鹼的無刺激蛋白洗毛精幫犬隻洗澡，豐潤並修復受損毛皮。

5. 在犬隻離開浴缸前，用吹水機吹掉犬隻身上多餘的水分。這能加快乾燥時間並避免毛皮過度乾燥。以烘毛籠烘乾犬隻的毛皮至半乾，在美容桌上用吹風機和柄梳吹乾並去除廢毛，再用鋼梳梳理犬隻全身的毛皮。特別留意耳後的部分，這裡要用細齒的鋼梳。

6. 檢查肉球之間有沒有雜毛、髒汙，剪去肉球間過長的毛。修剪腳部附近的毛讓它看起來整齊。用打薄剪修剪腳趾間過毛的毛。記得梳理骹後方的毛。

阿拉斯加雪橇犬

工具與設備

- 棉球
- 耳朵清潔劑
- 除淚痕液
- 吹水機
- 藥用耳粉
- 短毛種用拆結牙梳（564號）
- 指甲剪
- 蛋白質護毛素
- 豬鬃毛刷
- 剪刀
- 針梳
- 鋼梳（中型／小型）
- 無刺激蛋白洗毛精

美國
斯塔福德郡㹴

工具與設備

- 麂皮布
- 棉球
- 眼藥水（除淚痕液）
- 羊毛脂護毛劑
- 藥用耳粉
- 指甲剪
- 剪刀
- 豬鬃梳

美容程序

1. 以豬鬃梳刷犬隻的全身毛皮，用長長的刷毛徹底按摩。
2. 以藥用耳粉清潔耳朵。
3. 用棉球沾眼藥水清潔眼睛部位。有些眼藥水還能去除眼睛週遭的淚痕。
4. 以指甲剪剪去指甲的尖端，小心不要剪到肉。
5. 用剪刀修剪吻部、下巴、臉頰兩側與眼睛上方的毛。【注意：要不要修剪這些毛由飼主決定。】
6. 為防止水分進入耳道，先將棉球塞入耳朵中再幫犬隻洗澡。以烘毛籠烘乾毛皮。
7. 將些許羊毛脂護毛劑擠到手上，搓揉後塗抹於犬隻毛皮上。
8. 用豬鬃梳塗開護毛劑，然後用麂皮布輕輕擦拭毛皮，這能讓毛皮煥發光澤。

　　美國斯塔福德郡㹴應該每十到十二週進行一次美容。耳朵應該每週檢查一次，必要時進行清潔。每月檢查一次指甲，必要時進行修剪。

美容程序

1. 以修剪指甲，只剪去最前端的部分；要避免剪到肉。如果流血了，用止血粉來止血。粗糙的部分用銼刀打磨圓滑。

2. 用耳朵清潔劑清理耳朵。以棉球沾耳朵清潔劑，清除兩耳累積的髒汙與耳垢。

3. 以針柄梳梳理犬隻的全身以清除壞死的毛髮並開結。

4. 將犬隻全身的毛皮梳直。用直式剪刀修剪頸部與軀體部位的毛皮至 1 到 2 英吋（2.5 到 5 公分）。

5. 用你所選擇的洗毛精幫犬隻洗澡並潤絲。

6. 用毛巾擦乾犬隻的身體，再用吹風機吹乾或是用烘毛籠烘乾。烘乾之後就不要再梳或刷犬隻的毛了，因為我們就是要讓犬隻的毛皮捲捲的。

7. 用直式剪刀剪除雙腳（肉球之間）多餘的毛。

8. 用魚骨剪剪去腳趾上方多餘的毛。腳應該要呈現出小巧而整潔的樣貌。

9. 用魚骨剪剪去飛節附近多餘的毛。

10. 修剪尾巴下方的毛，使其呈現鐮刀狀。

11. 用魚骨剪或直式剪刀除去突出或破壞造型的雜毛。

12. 用魚骨剪剪去吻部與頭頂多餘的毛。頭顱應該看起來要寬而略平。

美容過後的美國水獵犬毛皮應該要捲曲而整潔，這個品種的犬隻每六到十週就應該要做一次完整的美容。

美國
水獵犬

工具與設備

- 魚骨剪
- 梳子
- 棉球
- 耳朵清潔劑
- 指甲剪（剪刀式或圓洞式）
- 洗毛精（泛用或深色毛色用）
- 針梳
- 直式剪刀
- 止血粉

安那托利亞牧羊犬

美容程序

1. 用豬鬃梳用力地刷犬隻的毛皮，再用柄梳梳理毛皮和尾巴以去除廢毛。
2. 以藥用耳粉清潔耳朵。
3. 用棉球沾眼藥水清潔眼睛部位，同時去除淚痕。
4. 以指甲剪剪去指甲的尖端，小心不要剪到肉。
5. 用沾濕的棉球清理嘴唇內側，去除卡住的食物殘渣。
6. 用剪刀修剪吻部、下巴、臉頰兩側與眼睛上方的毛。【注意：要不要修剪這些毛由飼主決定。】
7. 為防止水分進入耳道，先將棉球塞入耳朵中再幫犬隻洗澡。以烘毛籠烘乾毛皮。
8. 用沾了眼藥水的棉球清潔臉上的皺摺。（每天用眼藥水或滑石粉清潔皺褶可以保持乾淨並能防止疼痛與感染。）
9. 用豬鬃梳刷毛皮，使其煥發光澤。

　　如果飼主平時有在幫犬隻梳毛的話，安那托利亞牧羊犬並不怎麼需要洗澡。（根據環境，這種犬隻大概三個月洗一次澡就可以了。）耳朵應該每週檢查一次，必要時進行清潔。每月檢查一次指甲，必要時進行修剪。

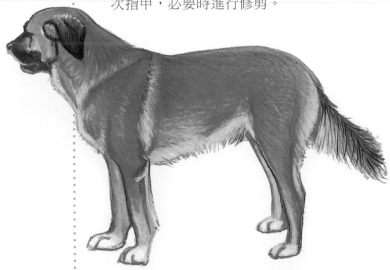

美容程序

1. 用豬鬃毛刷刷犬隻全身的毛皮，再用梳子梳過。
2. 用沾有清潔劑的棉球擦拭耳朵，去除污垢與異味。用乾棉球擦拭耳朵，再灑上藥用耳粉。
3. 以圓洞式指甲剪修剪指甲。指甲應該每個月進行修剪。
4. 檢查肉球之間是否有黏附異物或髒汙，剪去腳底的毛可以防止碎屑沾黏。用打薄剪修剪會接觸地面的爪子附近或是爪子之間的毛。
5. 以中性偏鹼的無刺激蛋白洗毛精幫犬隻洗澡，豐潤並修復受損毛皮。
6. 在犬隻離開浴缸前，用吹水機吹掉犬隻身上多餘的水分。這能加快乾燥時間並避免毛皮過度乾燥。用吹風機和柄梳吹乾並去除廢毛。
7. 保持鬍鬚的完整。
8. 用塗上蛋白質護毛素的豬鬃毛刷刷犬隻的毛皮以增添光澤與香味。如果要參展的話，就不得有任何形式的修剪。

澳洲牧牛犬

工具與設備

- 棉球
- 耳朵清潔劑
- 吹水機
- 藥用耳粉
- 指甲剪（特大型）
- 柄梳
- 蛋白質護毛素
- 豬鬃毛刷
- 剪刀
- 排梳（疏齒／密齒）
- 無刺激蛋白洗毛精
- 打薄剪

澳洲
卡爾比犬

美容程序

1. 用豬鬃梳用力地刷犬隻的毛皮。（在換毛的季節則改用針梳。）
2. 以藥用耳粉清潔耳朵。
3. 用棉球沾眼藥水清潔眼睛部位。
4. 以指甲剪剪去指甲的尖端，小心不要剪到肉。
5. 用剪刀修剪吻部、下巴、臉頰兩側與眼睛上方的毛。【注意：要不要修剪這些毛由飼主決定。】
6. 為防止水分進入耳道，先將棉球塞入耳朵中再幫犬隻洗澡。以烘毛籠烘乾毛皮。
7. 用豬鬃梳堅韌的刷毛刷犬隻的毛皮，使其煥發光澤。

　　澳洲卡爾比犬應該每八到十週進行一次美容。耳朵應該每週檢查一次，必要時進行清潔。每月檢查一次指甲，必要時進行修剪。

美容程序

1. 將亮毛噴劑噴灑於犬隻毛皮之上，潤絲並防止掉毛。用軟式針梳梳理毛皮，再用拆結牙梳徹底梳理以去除壞死的底層絨毛。

2. 用沾有清潔劑的棉球擦拭耳朵，去除污垢與異味。用乾棉球擦拭耳朵，再灑上藥用耳粉。

3. 以圓洞式指甲剪修剪指甲。指甲應該每個月修剪一次。

4. 檢查肉球之間是否有黏附異物或髒汙，剪去腳底的毛可以防止碎屑沾黏。用打薄剪修剪會接觸地面的爪子附近或是爪子之間的毛。

5. 用剪刀修剪肛門附近的毛，去掉肛門上與尾巴下可能弄髒的較長的毛。

6. 以無刺激狷用洗毛劑幫犬隻洗澡，在強健犬毛質地的同時又不會使毛皮軟化。

7. 用烘毛籠初步吹乾犬隻毛皮，再用吹風機和硬豬鬃毛刷完全吹乾毛皮。噴灑亮毛噴劑以去除細軟的毛與靜電。仔細用排梳梳理從頸部到尾巴，然後是肩部和身體兩側。

8. 以 10 號刀頭修剪腹部區域。

9. 用中型刮刀或手指去除頸部、身體與尾巴的壞死、脫落的犬毛。

10. 整理犬隻的後腿部份，從膝關節到飛節，再用打薄剪修剪飛節到腳部。

11. 將尾巴下方的毛修短。去除尾巴尖端上壞死的、脫落的犬毛，並將尾巴的毛融入背部的層次。如果犬隻的尾巴較短，那就讓尾巴尖端的毛繼續長；如果犬隻的尾巴較長，那就修剪到靠近尖端的長度。

12. 從尾巴和臀部的兩側將毛皮層次融入腳後的小撮飾毛中。

澳洲狷

工具與設備

- 亮毛噴劑
- 棉球
- 耳朵清潔劑
- 小型面部梳
- 軟式針梳
- 藥用耳粉
- 拆結牙梳（長毛犬種用）
- 指甲剪（特大型）
- Oster A-5理毛剪 10號刀頭
- 蛋白質護毛素
- 豬鬃毛刷
- 剪刀
- 排梳（疏齒／密齒）
- 刮刀（中型／小型）
- 無刺激蛋白洗毛精
- 雙刃打薄剪

13. 別把頭頂的毛弄塌，用刷子和密齒排梳（面部梳）將毛梳立起來。

14. 去除犬隻面部過長的毛。用手指拔除耳朵週遭、兩眼之間及眼睛下方的毛來強化犬隻的表情。這項工作也可以用打薄剪來處理。

15. 清理口鼻黑色、像皮革的部位，使其呈現 V 字型。

16. 鬍鬚可以剪掉。

17. 剪去或拔去耳朵後方的長毛，通常是耳後 1/3 到 2/3 英吋的部分，然後仔細修剪。外部的輪廓應該要整齊而清晰。耳朵可以用 10 號刀頭修剪。

18. 為了強調犬隻的修長，用中型刮刀稍微修剪頸部後方的犬毛，將層次融入肩部與身體。

19. 稍微修剪下顎下方到下顎中心，將這個地方的毛往前梳。

20. 梳理喉部下方到肩部，使其呈流蘇狀。胸部亦同。

21. 用打薄剪修剪前腳過長的毛。腳後方羽毛狀的毛留著。去除肘部週圍過長的毛簇。從飛節往下修剪。

22. 用剪刀修剪腳部的毛讓它看起來整齊。

23. 如果要參展的話，要在展前四天以上幫犬隻洗澡。

24. 用塗上蛋白質護毛素的豬鬃毛刷刷犬隻的毛皮以增添光澤與香味。

美容程序

1. 先用柄梳梳理犬隻全身的毛皮以梳鬆犬毛；然後再用豬鬃梳刷過。

2. 以藥用耳粉清潔耳朵。

3. 用棉球沾眼藥水清潔眼睛部位，同時去除淚痕。

4. 以指甲剪剪去指甲的尖端，小心不要剪到肉。

5. 用剪刀修剪吻部、下巴、臉頰兩側與眼睛上方的毛。【注意：要不要修剪這些毛由飼主決定。】

6. 為防止水分進入耳道，先將棉球塞入耳朵中再幫犬隻洗澡。以烘毛籠烘乾毛皮。

7. 將些許羊毛脂護毛劑擠到手上，搓揉後塗抹於犬隻毛皮上。

8. 用豬鬃梳塗開護毛劑，然後用麂皮布輕輕擦拭毛皮，這能讓毛皮煥發光澤。

　　貝生吉犬只要每三到四個月洗一次澡就可以了。平常飼主用豬鬃梳便能維持健康、亮澤的毛皮外觀。耳朵應該每週檢查一次，必要時進行清潔。每月檢查一次指甲，必要時進行修剪。

貝生吉犬

工具與設備

- 麂皮布
- 棉球
- 眼藥水（除淚痕液）
- 羊毛脂護毛劑
- 藥用耳粉
- 指甲剪
- 柄梳
- 剪刀
- 豬鬃梳

巴色特 · 法福 · 布列塔尼犬

工具與設備

- 棉球
- 眼藥水（除淚痕液）
- 藥用耳粉
- 排梳（疏齒）
- 指甲剪
- Oster A-5理毛剪 10號刀頭
- 剪刀
- 針梳
- 打薄剪

美容程序

1. 以針梳徹底梳理犬隻的毛皮。
2. 仔細地梳理皮毛以去除廢毛。
3. 以藥用耳粉清潔耳朵，輕輕拔除耳朵內的雜毛。
4. 用棉球沾眼藥水清潔眼睛部位。
5. 以大型指甲剪剪去指甲的尖端，小心不要剪到肉。
6. 用 Oster A-5 理毛剪上的 10 號刀頭，剃掉從腹股溝到肚臍再到大腿內側的毛。
7. 剃去肛門部位的毛，小心別讓刀頭直接碰到皮膚（距離 1/2 英吋，1 公分）。
8. 為防止水分進入耳道，先將棉球塞入耳朵中再幫犬隻洗澡。這種犬隻可以用烘毛籠烘乾毛皮。
9. 為求整潔，用剪刀修剪肉球與腳趾之間以及腳部與週遭的毛。
10. 用剪刀或打薄剪，修剪前腳腳踝週遭與後腳週圍到腿部蓬亂的毛。
11. 仔細梳理犬隻全身的毛皮，去除廢毛。

　　巴色特 · 法福 · 布列塔尼犬應該每八到十週進行一次美容。耳朵應該每週檢查一次，必要時進行清潔。每月檢查一次指甲，必要時進行修剪。

美容程序

1. 巴吉度獵犬的毛皮看起來應該要短而光滑，皮膚應該要有點鬆垮的感覺。

2. 在洗澡前，仔細梳理毛皮以去除壞死的犬毛。如果有明顯的脫毛現象，可以用蛻毛刀輕輕刮過毛皮，或是在刷毛前先用曲面針梳梳過。

3. 用沾了優質耳垢清潔劑的棉球擦拭並清潔內耳，檢查耳朵是否有感染的跡象。食物的殘渣可能會硬化、黏在巴吉度獵犬的長耳朵上，洗澡前可以用礦物油先沾濕這些區域。也要檢查上唇兩旁的下垂部分有無起水疱或食物殘留。

4. 剪指甲。

5. 用適合犬隻皮膚類型的洗毛精與護毛精幫犬隻洗澡。在最後的潤絲程序完成之前，白色的褪色區域可以用染色的潤絲精（一杯洗衣用上藍劑加上三品脫的水）處理。

6. 巴吉度獵犬可以用烘毛籠烘乾。

7. 烘乾之後，修剪犬隻腳掌底部的毛。

8. 修剪面部的鬍鬚。確認面部的皺摺有沒有完全乾燥。在這些部位撲上嬰兒粉可以預防發炎。

9. 保留尾巴羽狀的毛。

10. 在最後一個步驟會用到羊毛脂護毛劑。將些許羊毛脂護毛劑擠到手上，搓揉後塗抹於犬隻毛皮上。

巴吉度
獵犬

工具與設備

- 嬰兒粉
- 棉球
- 耳朵清潔劑
- 梳毛手套
- 羊毛脂護毛劑
- 礦物油
- 指甲剪
- 剪刀
- 蛻毛刀
- 短毛豬鬃刷（或較柔軟的針梳）
- 止血粉

小獵犬

美容程序

1. 小獵犬的毛皮應該要呈現出緊密、堅硬、亮澤的外觀。洗澡之前，先仔細刷過毛皮以去除壞死的犬毛。刷毛可以用曲面針梳以畫圈的方式進行。

2. 用沾了優質耳垢清潔劑的棉球擦拭並清潔內耳，檢查耳朵是否有感染的跡象。

3. 剪指甲。

4. 用適合犬隻皮膚類型的洗毛精與護毛精幫犬隻洗澡。在最後的潤絲程序完成之前，白色的褪色區域可以用染色的潤絲精（一杯洗衣用上藍劑加上三品脫的水）處理。

5. 小獵犬可以用烘毛籠烘乾。

6. 面部的鬍鬚視情況修剪。從耳朵根部到肩部前方這個頸部的區域可能會用到打薄剪。

7. 將些許羊毛脂護毛劑擠到手上，搓揉後塗抹於犬隻毛皮上。

美容程序

1. 將蛋白質護毛素噴灑於犬隻全身的毛皮，強健毛皮並修復分叉。如果犬隻部分毛皮有打結的現象，將解結噴劑噴灑於該區域。讓犬隻靜坐十到十五分鐘，待毛皮吸收噴劑並稍微乾燥。

2. 十五分鐘後，以亮毛噴劑噴灑於犬隻全身的毛皮，潤絲使其便於梳理並防止毛皮破損。用柄梳梳理犬隻全身毛皮，在毛皮的打結區域則運用針梳與多用途梳。從犬隻下半身的垂邊底部開始，分段處理，提起並逐層梳理毛皮。處理的過程中，在每個區域噴上亮毛噴劑。切勿在古代長鬚牧羊犬毛皮乾燥時進行梳理。從背部到頸部梳理犬隻全身的毛皮。

3. 為了使毛皮自然垂落背脊兩側，延著背脊梳理所有的底層絨毛。平放毛皮使其自然垂落，毛皮應該會自然垂落於背脊兩側。梳理兩側的毛。不要在古代長鬚牧羊犬毛皮打結時幫牠洗澡，水會使打結的部分糾纏得更緊、更加難以去除。

4. 用沾有清潔劑的棉球擦拭耳朵，去除污垢與異味。用乾棉球擦拭耳朵，再灑上藥用耳粉。用手指或耳鉗拔除耳朵內壞死的毛。

5. 以圓洞式指甲剪修剪指甲。指甲應該每個月修剪一次。

6. 檢查肉球之間是否有黏附異物或髒汙，剪去腳底的毛可以防止碎屑沾黏。用打薄剪修剪會接觸地面的爪子附近或是爪子之間的毛。

7. 用剪刀修剪肛門附近的毛，去掉肛門上與尾巴下可能弄髒的較長的毛。剪去肛門附近的毛，使肛門口保持乾淨。若是犬隻尾巴下方的區域毛很多的話要進行修剪，否則容易沾染排泄物並成為感染的病灶。

古代長鬚牧羊犬

工具與設備

- 亮毛噴劑
- 棉球
- 耳朵清潔劑
- 耳鉗
- 除淚痕液
- 吹水機
- 大型柄梳
- 長毛犬種用拆結牙梳（565號）
- 藥用耳粉
- 指甲剪（特大型）
- 蛋白質護毛素
- 豬鬃毛刷
- 剪刀
- 針梳
- 鋼梳（中型／小型）
- 無刺激美白洗毛劑
- 無刺激蛋白洗毛精
- 木製多用途梳（拆結排梳）

古代長鬚牧羊犬

8. 以無刺激蛋白洗毛精幫犬隻洗澡，在強健犬毛質地的同時又不會使毛皮軟化。白色的部分則用無刺激美白洗毛劑處理。

9. 在犬隻離開浴缸前，用吹水機吹掉犬隻身上多餘的水分。這能加快乾燥時間並避免毛皮過度乾燥。

10. 使犬隻靜坐三十分鐘自然風乾，不要用烘乾機，因為烘乾機可能會使部分區域過度乾燥並造成毛捲曲。接下來，將吹風機調整為「溫風」並吹乾犬隻的毛皮，用柄梳梳開、梳直犬隻全身的毛皮使其柔順、絲滑。

11. 為了確保能夠梳理犬隻深層的毛皮，用長齒鋼梳進行梳理。

12. 為求整潔，用剪刀修剪腳掌週遭的毛。腳趾間的毛不要剪，腳掌應該要能夠被毛完整覆蓋。根據犬隻所處的環境與生活條件，肉球和腳趾之間的毛若是過多，可以為了清潔目的而稍做修剪。

13. 頭顱應該要寬而平，為了呈現出理想的外觀，可以去除散亂的毛。

14. 拔除眼角內側的毛。拔除眼睛週遭的毛，使其形成一個漂亮的拱型，以強調這類犬種特有的疑問的神情。梳理眼睛上方的毛並向兩側梳，使其層次融入頭顱兩側的毛皮中。

15. 鼻樑處有稀疏的毛，應該在吻部處往兩側梳使其成為鬍鬚狀。

16. 耳朵部份的毛要長且自然。

17. 頸部的層次要平滑地融入肩部。這個部位的毛皮用打薄剪打薄。打薄剪要與梳子一併使用。按照毛生長的方向握住打薄剪，打薄並梳理毛以達成所需的外觀。不要破壞毛的紋理。

18. 向下梳理犬隻身體兩側的毛皮使其呈現自然的樣貌。

19. 犬隻背部的線條應呈現水平，尾巴要低。如果犬隻下半身比上半身高，且下半身的毛較多的話，可以用打薄剪將臀部的毛打薄來降低下半身的高度。

20. 將胸部的毛往下梳理，腿部的毛則要筆直向下。

21. 將尾巴梳成羽毛狀。

22. 輕輕從上方噴灑蛋白質護毛素（含貂油），使毛皮上沾染護毛劑的水汽。用豬鬃毛刷刷。

　　這兩個動作可以賦予犬隻毛皮亮麗的光澤與香氣。值得一提的是，在比賽中，對犬隻毛皮做出任何修剪動作都是違規的，對毛皮進行塑型更是不能容忍的錯誤。上面所列出的美容程序是為了讓做為家庭中一員的古代長鬚牧羊犬更為快樂；這些美容程序不適用於參展的犬隻。

美容程序

1. 用針梳梳理犬隻全身的毛皮，再用開結梳梳開打結的地方。

2. 以藥用耳粉清潔耳朵，輕輕拔除耳朵內的雜毛。

3. 用棉球沾眼藥水清潔眼睛部位。如果眼睛過度黏稠、水份太多，用剪刀剪去眼角的淚痕。

4. 以指甲剪剪去指甲的尖端，小心不要剪到肉。

5. 用 Oster A-5 理毛剪的 10 號刀頭剃毛臉部，從耳朵前緣到外眼角，再從外眼角剃到距離嘴角 1 ／ 2 英吋（1 公分）的地方。接下來，從耳朵的後方根部斜向下剃到喉部底部，使其呈現 V 字形。【注意：剃臉部、下巴與喉部的毛時要剃乾淨。】

6. 剃整個下巴的毛。

7. 從耳朵根部開始剃，到距離邊緣中心 1 英吋（2.5 公分）的地方，再從第一個點對角的兩側往下刮，使其呈現倒 V 字形。

8. 用 10 號刀頭剃去肛門部位的毛，小心別讓刀頭直接碰到皮膚（距離 1 ／ 2 英吋，1 公分）。

9. 剃腹部區域的毛，從腹股溝刮到肚臍下方再到大腿內側。

10. 使用 15 號刀頭，剃去從尾巴尖端起算三分之二的毛，留下尾巴根部三分之一的毛。剩下的三分之一的毛底部也要剃掉。

11. 用搭配 4 號或 5 號刀頭（取決於所需的毛皮長度）的理毛剪，從耳根開始沿著頸部基部的中心對角線修剪，使從耳朵根部到頸部形成 V 字形。然後修剪背部到尾巴根部的毛。

12. 修剪頸部兩側到肩部的毛，使毛的層次融入前腳頂端。

13. 修剪胸部到胸骨的毛。

貝林登㹴

工具與設備

- 棉球
- 眼藥水（除淚痕液）
- 開結梳
- 藥用耳粉
- 排梳（疏齒）
- 指甲剪
- Oster A-5 理毛梳／ 4 號、5 號、10 號、15 號刀頭
- 剪刀
- 針梳

貝林登㹴

14. 先修剪背部的毛，再修剪腹部兩側的毛。

15. 將背部頂端的層次融入大腿頂部。

16. 梳理腿部、頭部和臉部，去除多餘的毛。

17. 為防止水分進入耳道，先將棉球塞入耳朵中再幫犬隻洗澡。幫犬隻洗澡後以毛巾擦乾。

18. 將犬隻放在美容桌上，以針梳梳乾犬隻，向上梳理使其顯得豐滿。

19. 用先前用過的 Oster A-5 理毛剪，在臉部與身體重覆該步驟。

20. 用剪刀修剪耳朵的邊緣，將「流蘇狀耳毛」往下梳，修剪下方的邊緣使其呈現弧形。

21. 將頭部修剪成「羅馬拱形」，亦即從鼻子上方越過頭部然後連接到頸部呈現 V 字形。修剪弧形的邊緣，使其到耳朵根部呈錐形。

22. 修剪吻部，使其與頭部相稱。從前面看，頭部應該顯得長而直，在耳朵之間隆起，在吻部變細。

23. 將尾巴剩下的三分之一的毛修剪成管狀，使層次融入身體部位。

#10 →
#15

← #4
#5

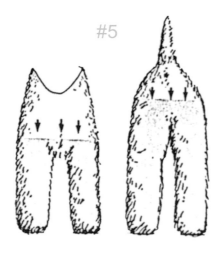

#5

24. 以剪刀修飾喉部與腹部剃過的痕跡。

25. 修剪肉球之間的毛,在犬隻站立的情況下,修剪腳部的邊緣使其呈現圓形。先執行這項步驟來做為之後修剪足部的參考。

26. 修剪胸部、腿間與腹部下方的區域。

27. 修剪前腳,使其呈筆直圓筒狀。

28. 依照後腿的自然輪廓修剪之。內側應與飛節呈一直線,逐漸收窄到先前剃出來的線。

29. 輕輕梳理並弄平腿部、頭部、吻部、尾巴上的毛,使其均勻。視需求修剪雜散的毛。

　　貝林登㹴應該每六到八週進行一次美容。每次美容之間的日常梳理可以防止犬隻毛皮打結。耳朵應該每週檢查一次,必要時進行清潔。每月檢查一次指甲,必要時進行修剪。

比利時
瑪連萊犬

工具與設備

- 棉球
- 耳朵清潔劑
- 吹水機
- 藥用耳粉
- 指甲剪
- 柄梳
- 蛋白質護毛素
- 豬鬃毛刷
- 澡刷
- 剪刀
- 短毛用拆結牙梳
  （564號）
- 針梳
- 無刺激蛋白洗毛精
- 打薄剪
- 底層毛梳

美容程序

1. 將蛋白質護毛素噴灑於犬隻全身的毛皮，強健毛皮並修復分叉。用底層毛梳梳理犬隻全身的毛皮，使毛皮膨鬆並去除壞死的底層絨毛。分階段處理，用你的另一隻手撈起你正在處理的毛。從犬隻的背部處理到頸部。用針梳梳理毛皮以去除壞死的外層絨毛。如果犬隻的毛皮很厚重的話，用拆結牙梳處理，再用澡刷用力梳。你在這個步驟去除的毛愈多，你待會兒要洗、要吹乾的毛就愈少。

2. 以沾有清潔劑的棉球擦拭耳朵以去除異味，然後用乾棉球擦乾耳朵，再用藥用耳粉擦拭耳朵。

3. 以圓洞式指甲剪修剪指甲。指甲應該每個月進行修剪。

4. 檢查肉球之間是否有黏附異物或髒汙，剪去腳底的毛可以防止碎屑沾黏。用打薄剪修剪會接觸地面的爪子附近或是爪子之間的毛。

5. 以中性偏鹼的無刺激蛋白洗毛精幫犬隻洗澡，豐潤並修復受損毛皮。

6. 在犬隻離開浴缸前，用吹水機吹掉犬隻身上多餘的水分。這能加快乾燥時間並避免毛皮過度乾燥。用吹風機和柄梳吹乾並去除廢毛。

7. 逆著梳理犬隻全身的毛皮，再順著梳理肩部與頸部的毛皮以呈現自然的樣貌。千萬不要把肩部與頸部維持在逆梳的狀態。

8. 保持鬍鬚完整。

9. 將蛋白質護毛素噴灑於豬鬃毛刷上再梳理犬隻的毛皮以增添亮澤與香氛。

美容程序

1. 將蛋白質護毛素噴灑於犬隻全身的毛皮，強健毛皮並修復分叉。用底層毛梳梳理犬隻全身的毛皮，使毛皮膨鬆並去除壞死的底層絨毛。分階段處理，用你的另一隻手撩起你正在處理的毛。從犬隻的背部處理到頸部。用針梳梳理毛皮以去除壞死的外層絨毛。如果犬隻的毛皮很厚重的話，用換毛梳處理，再用曲面橡膠梳用力梳。你在這個步驟去除的毛愈多，你待會兒要洗、要吹乾的毛就愈少。

2. 以沾有清潔劑的棉球擦拭耳朵以去除異味，然後用乾棉球擦乾耳朵，再用藥用耳粉擦拭耳朵。

3. 以圓洞式指甲剪修剪指甲。指甲應該每個月進行修剪。

4. 檢查肉球之間是否有黏附異物或髒汙，剪去腳底的毛可以防止碎屑沾黏。用打薄剪修剪會接觸地面的爪子附近或是爪子之間的毛。

5. 以中性偏鹼的無刺激蛋白洗毛精幫犬隻洗澡，豐潤並修復受損毛皮。

6. 在犬隻離開浴缸前，用吹水機吹掉犬隻身上多餘的水分。這能加快乾燥時間並避免毛皮過度乾燥。用吹風機和柄梳吹乾並去除廢毛。

7. 梳犬隻全身的毛皮，務必要讓梳子接觸到皮膚，用吹風機吹開毛並塑型。再用梳子梳理犬隻全身的毛皮，耳朵後方較軟的毛要用細齒梳梳理。

比利時牧羊犬

工具與設備

- 梳子（密齒／疏齒）
- 棉球
- 耳朵清潔劑
- 吹水機
- 藥用耳粉
- 指甲剪
- 柄梳
- 蛋白質護毛素
- 豬鬃毛刷
- 剪刀
- 針梳
- 無刺激蛋白洗毛精
- 打薄剪
- 底層毛梳

比利時
特伏丹犬

美容程序

1. 將蛋白質護毛素噴灑於犬隻全身的毛皮，強健毛皮並修復分叉。用底層毛梳梳理犬隻全身的毛皮，使毛皮膨鬆並去除壞死的底層絨毛。分階段處理，用你的另一隻手撩起你正在處理的毛。從犬隻的背部處理到頸部。用針梳梳理毛皮以去除壞死的外層絨毛。如果犬隻的毛皮很厚重的話，用換毛梳處理，再用曲面橡膠梳用力梳。你在這個步驟去除的毛愈多，你待會兒要洗、要吹乾的毛就愈少。

2. 以沾有清潔劑的棉球擦拭耳朵以去除異味，然後用乾棉球擦乾耳朵，再用藥用耳粉擦拭耳朵。

3. 以圓洞式指甲剪修剪指甲。指甲應該每個月進行修剪。

4. 檢查肉球之間是否有黏附異物或髒汙，剪去腳底的毛可以防止碎屑沾黏。用打薄剪修剪會接觸地面的爪子附近或是爪子之間的毛。

5. 以中性偏鹼的無刺激蛋白洗毛精幫犬隻洗澡，豐潤並修復受損毛皮。

6. 在犬隻離開浴缸前，用吹水機吹掉犬隻身上多餘的水分。這能加快乾燥時間並避免毛皮過度乾燥。用吹風機和柄梳吹乾並去除廢毛。

7. 刷犬隻全身的毛皮，務必要讓刷子接觸到皮膚，用吹風機吹開毛並塑型。再用梳子梳理犬隻全身的毛皮，耳朵後方較軟的毛要用細齒梳梳理。

美容程序

1. 將蛋白質護毛素噴灑於犬隻全身的毛皮，強健毛皮並修復分叉。用底層絨毛耙梳理犬隻全身的毛皮，使毛皮膨鬆並去除壞死的底層絨毛。分階段處理，用你的另一隻手撩起你正在處理的毛。從犬隻的背部處理到頸部。用針梳梳理毛皮以去除壞死的外層絨毛。如果犬隻的毛皮很厚重的話，用拆結牙梳處理，再用曲面橡膠梳用力梳。你在這個步驟去除的毛愈多，你待會兒要洗、要吹乾的毛就愈少。

2. 以沾有清潔劑的棉球擦拭耳朵以去除異味，然後用乾棉球擦乾耳朵，再用藥用耳粉擦拭耳朵。

3. 以圓洞式指甲剪修剪指甲。指甲應該每個月進行修剪。

4. 用沾了水的棉球擦拭眼角內側。

5. 以中性偏鹼的無刺激蛋白洗毛精幫犬隻洗澡，豐潤並修復受損毛皮。

6. 在犬隻離開浴缸前，用吹水機吹掉犬隻身上多餘的水分。這能加快乾燥時間並避免毛皮過度乾燥。用吹風機和柄梳吹乾並去除廢毛。

7. 修剪尾巴下方過長而會碰到肛門的毛。確保肛門部位的清潔，對尾巴下方的毛進行打薄以避免沾染髒汙。

伯恩山犬

工具與設備

- 棉球
- 耳朵清潔劑
- 吹水機
- 大型柄梳
- 長毛用拆結牙梳（565號）
- 藥用耳粉
- 指甲剪（特大型）
- 蛋白質護毛素
- 豬鬃毛刷
- 剪刀
- 針梳
- 排梳（密齒／疏齒）
- 無刺激蛋白洗毛精
- 打薄剪
- 木製多用途梳

比熊犬

工具與設備

- 鈍頭剪刀
- 護毛劑
- 梳子，8吋半（22公分）不鏽鋼
- 開結噴霧
- 美容桌
- 吹風機
- 止血鉗或鑷子
- 指甲剪
- 柄梳
- 剪刀（長、直美容剪）
- 針梳
- 無刺激洗毛精（白毛犬種用）
- 打薄剪
- 毛巾

美容程序

1. 千萬不要在比熊犬的毛皮打結時幫牠洗澡，這只會讓結糾纏得更糟、毀掉犬隻的毛皮。毛皮要徹底梳理；如果有打結的部分，用手指將其分開。作業時使用高品質的噴霧與梳子，最重要的是，要有耐心。

2. 洗澡前，先用止血鉗將耳道的雜毛拔除。

3. 指甲要短，用指甲剪將其修剪到粉紅色靜脈（就是前述的肉）。

4. 用鈍頭剪刀修剪肉球之間的毛。

5. 比熊犬應該每兩週洗一次澡，最少也要每個月洗，以維持清潔。用水將犬隻打濕。用洗毛精洗、沖乾淨，重覆這個步驟，然後反覆沖洗直到沒有洗毛精殘留。洗毛精殘留可能會導致毛髮斷裂或皮膚問題。

6. 在犬隻毛皮還沒乾的時候或是用毛巾稍微擦過後噴上護毛劑，然後用柔軟的針梳或柄梳（最好是用針梳）刷犬隻的毛皮。

7. 這種犬隻的毛皮必須一邊吹乾一邊梳、拉毛，這是使其呈現「粉撲」狀（意即使毛突出身體的輪廓）的唯一辦法，而且這樣還能拉直比熊犬天生捲曲的毛。一次擦乾一小塊地方，同時用柄梳或針梳刷。將毛梳離身體，確保毛皮能完全乾燥。

8. 犬隻身體乾燥之後，梳理犬隻的毛皮，將毛從身體上撩起。犬隻全身的毛皮都要這麼做。

9. 在修剪的時候要牢記「粉撲」狀，持續將毛梳離身體，每次只修剪一點點就好，不要貪快。（盡可能在鏡子前進行修剪，藉此檢查犬隻的整體外觀。）如果放任比熊犬的毛長長，牠就會開始掉毛，毛也會從身體中線分開。比熊犬的毛皮應該每四到五週便修剪一次，以保持圓潤的「粉撲」狀。

10. 面對比熊犬的頭部，將其眼睛前方和鼻子下方的毛向下梳。將剪刀放在眼睛前方和鼻子上方，剪掉會覆蓋眼睛的毛。不要讓毛延伸到眼角外側。

11. 小心地去除從吻部生長到眼角內側的毛。將犬隻吻部的毛分半並向下梳。

12. 將頭部突出的部分修圓，注意不要讓耳朵處的毛凹陷下去，使頭部的形狀與耳朵及鬍鬚融為一體。最後的結果應該會呈半圓形。

13. 鬍鬚不能剪，除非它看起來跟頭部的輪廓不搭。

14. 如果耳朵下方的毛太多，小心地撩起耳朵，用打薄剪稍做修剪。這能使該處的毛自然垂下，維持頭部的渾圓。

15. 轉動犬隻來觀察牠的側面。為了呈現圓潤的外觀，修剪眼睛上方與頭顱後方的毛，另一側也比照辦理。

16. 鬍鬚的毛從下巴開始、到犬隻的喉部、再延伸到耳後。記得在梳理頸部的時候一併修剪胸部和肩部的毛。此時，檢查肩胛骨來確定頸部和背部線條的位置。開始修檢頸部，然後將頸部的層次以曲線的方式融入頭顱後方。頸部的毛要留得長一點，以顯露頸部的線條。

17. 從胸部和肩部開始著手，修剪前腳，使其從前方看來筆直，但從一小段距離外看來呈圓柱狀。

18. 修剪雙腿之間的毛，從以呈現出整齊圓潤的外觀，處理層次使其從側邊看可以融入底邊的線條。別讓腳部的線條凹陷下去。

19. 上方的線條，從肩部開始到尾巴應該要平整、平滑。記得要讓頭頂的毛比頸部上的毛短。

20. 繼續修剪犬隻身體兩側，使其呈圓形，並能融入下方的層次，且隨著身體的曲線呈弧形。底部的線條看起來整潔很重要。

21. 從後方看比熊犬的時候，要能看出一個馬蹄鐵的形狀。將後腿和腿部修剪成圓潤的馬蹄形，並使線條融入身體的層次。

22. 修剪後腿的內側，使其呈現帳棚斜頂的樣子。

23. 尾巴的毛要留長；但為了清潔，肛門附近的毛還是要剪短。

　　要注意的是，比熊犬和貴賓犬的美容方式並不相同。比熊犬的外觀要呈現出圓形的「粉撲」狀。比熊犬不太會掉毛，但仍需要經常梳理以去除壞死毛皮並防止打結。成年比熊犬的毛有兩層，外層護毛和柔軟的底層絨毛。外層護毛大概會在一歲時開始生長，而約莫需要幾個月的時間才會完全長成。在這段時間要多花點心思在梳毛上，否則毛會很容易打結。

黑褐色
獵浣熊犬

工具與設備

- 棉球
- 耳朵清潔劑
- 梳毛手套
- 指甲剪（圓洞式或剪刀式）
- 橡膠梳
- 洗毛精（泛用型或深色毛種專用型）
- 護毛噴霧或亮毛噴劑
- 直式剪刀
- 止血粉

美容程序

1. 修剪指甲，只剪去最前端的部分；要避免剪到肉。如果流血了，用止血粉來止血。粗糙的部分用銼刀打磨圓滑。

2. 用耳朵清潔劑清潔耳朵。用棉球沾清潔劑去除兩耳積累的髒汙與耳垢。

3. 用你所選擇的洗毛精幫犬隻洗澡。你可以用橡膠梳在犬隻身上搓揉出泡沫；此舉能夠同時去除壞死的毛髮。清潔面部與耳朵時，要注意皮膚皺摺的地方。徹底沖洗乾淨。沖洗乾淨能有助於抑制皮屑孳生。

4. 用毛巾初步擦拭犬隻的身體，再用烘毛籠完全烘乾。

5. 用梳毛手套梳理犬隻的身體，去除殘留的壞死毛髮，並有助維持毛皮柔順。

6. 視情況用直式剪刀修剪鬍鬚與眉毛。

7. 在犬隻全身的毛皮上噴灑上一些護毛噴劑或亮毛噴劑，再用乾淨的乾布料擦拭使其毛皮煥發光澤。

　　黑褐色獵浣熊犬的毛皮應該要能煥發光澤且緊貼身軀。這種犬隻應該每六到八週進行一次美容。

美容程序

1. 在幫尋血獵犬洗澡前應該先進行梳理以去除壞死的毛髮。

2. 用沾了優質耳垢清潔劑的棉球擦拭並清潔內耳，檢查耳朵是否有感染的跡象。食物的殘渣可能會硬化、黏在尋血獵犬的長耳朵上，洗澡前可以用礦物油先沾濕這些區域。

3. 剪指甲，小心不要剪到肉。

4. 洗澡前應該檢查面部的皺摺是否有碎屑殘留。

5. 用適合犬隻皮膚的洗毛精與護毛劑幫犬隻洗澡。

6. 尋血獵犬可以用烘毛籠烘乾。

7. 烘乾後，檢查面部的皺摺確認已無水殘留。在這些地方撲上一些嬰兒粉以防止刺激。

8. 修剪面部鬍鬚。

9. 檢查腳掌下方，剪去多餘的毛。

10. 如果肘部、踝部與腳趾有受傷，可以擦一些蘆薈霜。

11. 最後抹上羊毛脂護毛劑並使其深入毛皮。

尋血獵犬

工具與設備

- 蘆薈霜
- 嬰兒粉
- 棉球
- 耳朵清潔劑
- 羊毛脂護毛劑
- 礦物油
- 指甲剪
- 剪刀
- 硬毛刷或豬鬃毛刷
- 止血粉

邊境
牧羊犬

工具與設備

- 棉球
- 眼藥水（除淚痕液）
- 開結梳
- 藥用耳粉
- 排梳（疏齒）
- 廢毛梳
- 指甲剪
- Oster A-5 理毛剪／10 號刀頭
- 剪刀
- 針梳
- 打薄剪

美容程序

1. 用針梳梳理犬隻全身的毛皮，用開結梳或廢毛梳去除打結或糾纏的毛。
2. 徹底梳理毛皮以去除廢毛。
3. 以藥用耳粉清潔耳朵，輕輕拔除耳朵內的雜毛。
4. 用棉球沾眼藥水清潔眼睛部位。有些眼藥水還能去除眼睛週遭的淚痕。
5. 以指甲剪剪去指甲的尖端，小心不要剪到肉。
6. 用剪刀修剪吻部、下巴、臉頰兩側與眼睛上方的毛。【注意：要不要修剪這些毛由飼主決定。】
7. 用 Oster A-5 理毛剪上的 10 號刀頭，剃掉從腹股溝到肚臍再到大腿內側的毛。
8. 剃去肛門部位的毛，小心別讓刀頭直接碰到皮膚（距離 1 ／ 8 到 1 ／ 4 英吋，0.3 到 0.6 公分）。
9. 為防止水分進入耳道，先將棉球塞入耳朵中再幫犬隻洗澡。這種犬隻可以用烘毛籠烘乾毛皮。
10. 為求整潔，用剪刀修剪肉球與腳趾之間以及腳部與週遭的毛。
11. 用剪刀或打薄剪，修剪前腳腳踝週遭與後腳週圍到腿部蓬亂的毛。
12. 用剪刀修剪腿部邊緣和尾巴下方的區域。
13. 徹底梳理犬隻全身的毛皮。

　　邊境牧羊犬應該每八到十週進行一次美容。耳朵應該每週檢查一次，必要時進行清潔。每月檢查一次指甲，必要時進行修剪。

美容程序

1. 用豬鬃毛刷刷理毛皮，刺激新的毛髮生長並讓底層絨毛變細。在比較厚重的區域用針梳梳理，去除壞死的底層絨毛。用梳子剛硬的那邊徹底梳理毛皮。

2. 以沾有清潔劑的棉球擦拭耳朵以去除異味，然後用乾棉球擦乾耳朵，再用藥用耳粉擦拭耳朵。

3. 以圓洞式指甲剪修剪指甲。指甲應該每個月進行修剪。

4. 檢查肉球之間是否有黏附異物或髒汙，剪去腳底的毛可以防止碎屑沾黏。用打薄剪修剪會接觸地面的爪子附近或是爪子之間的毛。別讓指甲露出來。

5. 用剪刀修剪肛門附近的毛，去掉肛門上與尾巴下可能弄髒的較長的毛。

6. 以無刺激猄用洗毛劑幫犬隻洗澡，在強健犬毛質地的同時又不會使毛皮軟化。

7. 用烘毛籠稍微烘乾犬隻的毛皮，再用吹風機和豬鬃毛刷完成乾燥動作。用中型梳子徹底梳理犬隻全身的毛皮。

8. 用刮刀或打薄剪去除耳朵、頭部和臉頰上多餘的毛髮。頭顱要保持清潔，兩耳間要看起來寬闊，這裡的毛要融入頭部到喉部的層次，不能看起來一塊一塊的。如果你是用刮刀的話，它是用來夾住毛髮的，不是用來切斷毛髮的。毛髮要朝著其自然生長的方向拉扯，不能逆著它的紋理。

9. 耳朵要看起來乾淨而柔順。用手指揪住耳朵末端、耳朵邊緣過長的毛，拔掉。不要用剪刀剪，這裡的毛應該可以很輕易地拔除。

邊境㹴

工具與設備

- 棉球
- 耳朵清潔劑
- 耳鉗
- 藥用耳粉
- 指甲剪
- 蛋白質護毛素
- 豬鬃毛刷
- 針梳
- 排梳（疏齒／剛硬）
- 刮刀
- 無刺激猄用洗毛劑
- 打薄剪

邊境㹴

10. 眼角外側的眉線應該要可見。用剪刀修剪眉毛。眼角外側不應該有毛突出。犬隻應該要有清晰的視野，所以任何在眼睛前面的毛都要拔除。不過也別把臉頰前方的毛都拔光了。

11. 修剪鬍鬚部位的雜毛。

12. 用打薄剪修剪頸部和背部上方、頸部下方、胸部、前腿之間與腹部的毛尖端，使其整潔、輪廓清晰。將打薄剪指向下、朝著腳的對面修剪，修剪毛的尖端能讓毛立起來。

13. 修剪後腿的大腿內側與胯部。修剪後飛節處的毛，使飛節到地面呈一直線。梳理並去除腿部前方的雜毛，使腿部線條圓潤，讓後膝關節的輪廓清晰。從任何角度看，後腿的下方都應該要呈圓柱型。

14. 修剪前腿的雜毛，讓腳呈現圓形。修剪腳部的線條使其融入腿部的層次。

15. 打薄尾巴根部，使其層次融入身體。用打薄剪去除尾巴下方的雜毛，使尾巴的末端看起來呈圓形。

16. 用塗上蛋白質護毛素的豬鬃毛刷刷犬隻的毛皮以增添光澤與香味。

美容程序

1. 修剪指甲，只剪去最前端的部分；要避免剪到肉。如果流血了，用止血粉來止血。粗糙的部分用銼刀打磨圓滑。

2. 用耳朵清潔劑清理耳朵。以棉球沾耳朵清潔劑，清除兩耳累積的髒汙與耳垢。

3. 徹底梳理犬隻全身的毛皮，以去除糾結或壞死的毛。

4. 用你所選定的洗毛精幫犬隻洗澡。徹底沖洗乾淨。適當地沖洗可能有助於去除靜電。

5. 用毛巾初步擦乾犬隻的毛皮。吹水機可以在這個時候去除毛皮上多餘的水分。最後用一般的吹風機一邊吹，一邊順著毛生長方向梳理來完成乾燥的程序。背部的毛半乾半濕的時候，一邊用吹風機吹，一邊逆著毛生長的方向梳理，這樣能使背部的毛直立起來。犬隻的毛皮完全乾燥之後，再從頭到尾梳理一次，檢查是否有遺漏的糾結處沒有處理。

6. 用剪刀去除腳掌之間以及腳底多餘的毛。骹與飛節的毛也要修剪乾淨。

7. 視情況可以去除鬍鬚和眉毛，耳朵過長的毛簇也可以去除掉。

8. 肛門附近的毛也可以用剪刀剪掉。

　　蘇俄牧羊犬應該呈現出其自然的樣貌。任何對這種犬隻的美容都只要點到為止就好。這樣的美容程序應該每六到八週進行一次。

蘇俄牧羊犬

工具與設備

- 梳子
- 棉球
- 耳朵清潔劑
- 吹水機
- 指甲剪（圓洞式或剪刀式）
- 洗毛精（泛用型或白色犬種專用）
- 針梳
- 護毛噴劑或亮毛噴劑
- 直式剪刀
- 止血粉

波士頓㹴

工具與設備

- 嬰兒粉或滑石粉
- 粗糙的毛巾
- 棉球
- 耳朵清潔劑
- 淚痕清潔液
- 小型打薄剪
- 藥用耳粉
- 貂油
- 指甲剪
- 豬鬃毛刷
- 剪刀
- 無刺激蛋白洗毛精

美容程序

1. 用豬鬃毛刷刷理犬隻的毛皮。
2. 以沾有清潔劑的棉球擦拭耳朵以去除異味，然後用乾棉球擦乾耳朵，再用藥用耳粉擦拭耳朵。
3. 以圓洞式指甲剪修剪指甲。指甲應該每個月進行修剪。
4. 檢查肉球之間是否有黏附異物或髒汙，剪去腳底的毛可以防止碎屑沾黏。用打薄剪修剪會接觸地面的爪子附近或是爪子之間的毛。
5. 用沾了水的棉球擦拭眼角。用沾了淚痕清潔液的棉球清潔眼睛下方與眼睛周圍的髒汙。
6. 面部的鬍鬚要用沾了水的棉球加以清潔。擦乾後再灑上嬰兒粉或滑石粉。
7. 以中性偏鹼的無刺激蛋白洗毛精幫犬隻洗澡，豐潤並修復受損毛皮。
8. 用烘毛籠稍微烘乾犬隻的毛皮，再用吹風機和豬鬃毛刷完成乾燥動作。
9. 可以用剪刀剪去鬍鬚來強調表情。（可剪可不剪）
10. 任何會破壞光滑外觀的毛都可以剪掉，出現在白色區域的黑色毛也可以剪掉。用打薄剪來剪。為了讓外觀更好看，厚重的區域可以進行打薄。
11. 用噴霧或是貂油讓毛皮閃閃發光。為了維持毛皮深色的區域，用貂油或是含 PABA 的防曬乳防止褪色。最後再用粗毛巾拋光。

美容程序

1. 將蛋白質護毛素噴灑於犬隻全身的毛皮，強健毛皮並修復分叉。用針梳梳理犬隻全身的毛皮。從犬隻下半身的垂邊底部開始，分段處理從背部到脖子的區域。梳理犬隻全身的毛皮，用拆結牙梳梳出壞死的底層絨毛。從頭部開始，用柄梳梳理犬隻全身的毛披，再沿途梳回去。腿部的毛要上下梳理。

2. 以沾有清潔劑的棉球擦拭耳朵以去除異味，然後用乾棉球擦乾耳朵，再用藥用耳粉擦拭耳朵。

3. 以圓洞式指甲剪修剪指甲。指甲應該每個月進行修剪。

4. 檢查肉球之間是否有黏附異物或髒汙，剪去腳底的毛可以防止碎屑沾黏。用打薄剪修剪會接觸地面的爪子附近或是爪子之間的毛。

5. 以無刺激狷用洗毛劑幫犬隻洗澡，在強健犬毛質地的同時又不會使毛皮軟化。

6. 在犬隻離開浴缸前，用吹水機吹掉犬隻身上多餘的水分。這能加快乾燥時間並避免毛皮過度乾燥。用烘毛籠稍微烘乾犬隻的毛皮，再用吹風機和豬鬃毛刷完成乾燥動作。用中型梳子徹底梳理犬隻全身的毛皮。最後再用鋼梳梳理犬隻全身的毛皮。

7. 以 10 號刀頭對兩耳進行剃毛，從耳朵根部剃到耳朵尖端。修剪外緣時，以拇指作為保護、引導，避免刮出凹痕。耳朵的外緣應該要有清晰的輪廓，形成整潔的外觀。耳朵應該能從頸部的線條中突出。

8. 剪短頭頂與頭部兩側的毛，使頭部和耳朵之間形成良好的對比。用刮刀將毛固定在刀鋒與拇指之間，轉動刀頭，同時順著毛生長的方向拉扯。你也可以直接用拔的。用拇指和

法蘭德斯畜牧犬

工具與設備

- 棉球
- 耳朵清潔劑
- 吹水機
- 大型柄梳
- 長毛犬種用拆結牙梳（565號）
- 藥用耳粉
- 貂油
- 指甲剪（特大型）
- Oster A-5 理毛剪／10 號刀頭
- 豬鬃毛刷
- 剪刀
- 針梳
- 鋼梳（中型／粗糙）
- 刮刀
- 無刺激蛋白洗毛精
- 打薄剪

法蘭德斯畜牧犬

食指夾住毛，轉動手腕並同時拉動。除毛和拔毛可以讓毛皮維持不均勻、自然的外觀。不要用剪刀或理毛剪來修剪這個區域。眉毛上方的毛不要去除，將其層次融入耳朵後方較長的毛中。

9. 臉頰要從外眼角與外嘴角開始扁平化。如果有必要的話，梳理並刮去臉頰的毛來避免臉頰過於突出。

10. 眉毛要長而直立起來。向前梳，再用刮刀來將其稍微分開。應該要能看得到犬隻的眼睛。修一下眉毛來強調犬隻的表情。以對角線的方式修剪從外眼角到內眼睛的毛。眼睛之間的毛不要剪；把它梳到吻部上。

11. 向外、向上梳理法蘭德斯畜牧犬的鬍鬚，使吻部看起來寬一點。鬍鬚的底部，將毛從下巴中間分半，向外、向前梳理，使下巴看起來寬一點。鬍鬚要整齊而濃密。

12. 向下梳理喉部與胸部的毛。用打薄剪將毛朝肩部修窄，使毛皮平滑地融入肩部的層次。

13. 順著毛生長的方向梳理。梳理背部和下半身上方的毛。兩側下方的毛向下梳理。

14. 胸部要深，至少要到肘部的位置，最好到腰段。用打薄剪來形塑並整理腰段。一點一點朝著腳的相反方向剪下來。

15. 用剪刀去除會覆蓋肛門的毛，修剪尾巴下方的毛。用打薄剪剪短臀部後方的毛皮。

16. 修剪腳掌的形狀，使其呈現貓掌狀。

17. 筆直向下梳理前腳的毛。去除肘部多餘的毛。修剪雙腳的毛，使其呈現結實而乾淨的線條。

18. 筆直向下梳理後腳的毛。打薄臀部多餘的毛。梳理飛節的毛，用剪刀剪掉雜毛。

希望毛短一點、少一點比較好整理的飼主可能會要求對這種犬隻進行修剪，如果是這樣的話，在犬隻的頭部使用 8 英吋半（22 公分）的刀頭，然後用 4 號刀頭融入身體的層次；如果要長一點、看起來好看一點的話，用搭配 1 號刀頭套片的 10 號刀頭。修剪的區域要融入附近的紋理來使其外觀相似。

美容程序

1. 以修剪指甲，只剪去最前端的部分；要避免剪到肉。如果流血了，用止血粉來止血。粗糙的部分用銼刀打磨圓滑。

2. 用耳朵清潔劑清理耳朵。以棉球沾耳朵清潔劑，清除兩耳累積的髒汙與耳垢。

3. 用你選擇的洗毛精幫犬隻洗澡。美白洗毛精可以用於白色的區域。為了在洗澡時去除壞死的毛皮，用橡膠刷在犬隻身上搓揉起泡。徹底沖洗乾淨。洗完後的護毛素能有助於抑制皮屑產生。

4. 用毛巾初步擦乾犬隻的身體後，將其放入烘毛籠直到完全乾燥。

5. 犬隻身體乾了之後，可以用曲面刷去除壞死的毛皮。用曲面刷在犬隻身上畫圈。

6. 用小的直式剪刀去除耳朵邊緣的毛。視飼主需求去除鬍鬚和眉毛；不然不處理這兩個部位也是可以的。腰段和尾巴下方的區域可以用直式剪刀修剪。接縫（有兩種不同生長方向的毛的區塊）可以用魚骨剪加以混合。

7. 最後一個步驟，在犬隻身上噴灑少量的護毛噴劑或亮毛噴劑，並用乾淨的布料拋光。

在接受適當美容後的拳師犬應該有清晰的輪廓，光滑、緊實、亮澤的毛皮。拳師犬應該每10 到 12 週進行一次美容。

拳師犬

工具與設備

- 魚骨剪
- 棉球
- 耳朵清潔劑
- 硬澡刷
- 指甲剪（圓洞式或剪刀式）
- 橡膠刷
- 洗毛精（泛用型或修護型）
- 護毛噴劑
- 直式剪刀
- 止血粉

伯瑞犬

工具與設備

- 亮毛噴劑
- 棉球
- 耳朵清潔劑
- 耳鉗
- 吹水機
- 大型柄梳
- 長毛犬種用拆結牙梳（565號）
- 藥用耳粉
- 指甲剪（特大型）
- 蛋白質護毛素
- 豬鬃毛刷
- 剪刀
- 針梳
- 鋼梳（小型／中型）
- 無刺激蛋白洗毛精
- 打薄剪
- 木製多用途梳

美容程序

1. 將蛋白質護毛素噴灑於犬隻全身的毛皮，強健毛皮並修復分叉。如果犬隻部分毛皮有打結的現象，將解結噴劑噴灑於該區域。讓犬隻靜坐十到十五分鐘，待毛皮吸收噴劑。

2. 十五分鐘後，以亮毛噴劑噴灑於犬隻全身的毛皮，潤絲使其便於梳理並防止毛皮破損。用柄梳梳理犬隻全身毛皮，在毛皮的打結區域則運用針梳與多用途梳。從犬隻下半身的垂邊底部開始，分段處理，提起並逐層梳理毛皮。處理的過程中，在每個區域噴上亮毛噴劑。切勿在古代長鬚牧羊犬毛皮乾燥時進行梳理；水會使打結的地方糾纏得更緊、更難以去除。

3. 以沾有清潔劑的棉球擦拭耳朵以去除異味，然後用乾棉球擦乾耳朵，再用藥用耳粉擦拭耳朵。用手指或耳鉗，拉出耳朵內壞死的毛。

4. 以圓洞式指甲剪修剪指甲。指甲應該每個月進行修剪。

5. 用沾了水的棉球擦拭眼角內側。用沾了除淚痕液的棉球去除眼睛下方與週遭的髒污。

6. 檢查肉球之間是否有黏附異物或髒汙，剪去腳底的毛可以防止碎屑沾黏。用打薄剪修剪會接觸地面的爪子附近或是爪子之間的毛。修剪犬隻可能會踩踏到的毛。

7. 用剪刀修剪肛門附近的毛，去掉肛門上與尾巴下可能弄髒的較長的毛。剪去肛門附近的毛，使肛門口保持乾淨。若是犬隻尾巴下方的區域毛很多的話要進行修剪，否則毛可能會沾黏到糞便。

8. 以中性偏鹼的無刺激蛋白洗毛精幫犬隻洗澡，豐潤並修復受損毛皮。

9. 在犬隻離開浴缸前，用吹水機吹掉犬隻身上多餘的水分。這能加快乾燥時間並避免毛皮過度乾燥。用吹風機和柄梳吹乾並去除廢毛，再用鋼梳梳理犬隻全身的毛皮。特別留意耳後的部分，這裡要用小型的鋼梳。

10. 如果頸部、尾巴根部或毛皮的任何部位看起來有點臃腫的話，梳掉多餘的底層絨毛，不要用打薄剪去剪。

11. 沿著自然的分線梳理頭部的毛。如果這個地方的毛量太多的話，用打薄剪打薄。從犬隻的面部往後梳，再打薄額頭下方的毛。頭部頂端的毛不要打薄。額頭的毛不應該阻礙犬隻的視線，也不應該使頭部的線條變形。

12. 把尾巴梳成羽毛狀。

13. 從上方噴灑少量的亮毛噴劑，並使其浸潤毛皮。用豬鬃毛刷刷犬隻的毛皮以增添亮麗的光澤與香氣。

布列塔尼獵犬

工具與設備

- 棉球
- 耳朵清潔劑
- 吹水機
- 梳毛手套
- 藥用耳粉
- 指甲剪
- Oster A-5 理毛剪／7號、10號刀頭
- 柄梳
- 蛋白質護毛素
- 豬鬃毛刷
- 剪刀
- 短毛犬種用拆結牙梳（564號）
- 針梳
- 鋼梳（小型／中型）
- 刮刀
- 無刺激蛋白洗毛精
- 打薄剪

美容程序

1. 將蛋白質護毛素噴灑於犬隻全身的毛皮，強健毛皮並修復分叉。用底層絨毛耙梳理犬隻全身的毛皮，使毛皮膨鬆並去除壞死的底層絨毛。分階段處理，用你的另一隻手撩起你正在處理的毛。從犬隻的背部處理到頸部。用針梳梳理毛皮以去除壞死的外層絨毛。如果犬隻的毛皮很厚重的話，用拆結牙梳處理，再用曲面橡膠梳用力梳。你在這個步驟去除的毛愈多，你待會兒要洗、要吹乾的毛就愈少。

2. 以沾有清潔劑的棉球擦拭耳朵以去除異味，然後用乾棉球擦乾耳朵，再用藥用耳粉擦拭耳朵。

3. 以圓洞式指甲剪修剪指甲。指甲應該每個月進行修剪。

4. 檢查肉球之間是否有黏附異物或髒汙，剪去腳底的毛可以防止碎屑沾黏。用打薄剪修剪會接觸地面的爪子附近或是爪子之間的毛。

5. 用 10 號刀頭修剪肛門附近的毛。這個區域只要清理乾淨就好，力道不要太大。剪掉尾巴下方可能會因碰到肛門而變髒的長毛。

6. 以中性偏鹼的無刺激蛋白洗毛精幫犬隻洗澡，豐潤並修復受損毛皮。

7. 在犬隻離開浴缸前，用吹水機吹掉犬隻身上多餘的水分。這能加快乾燥時間並避免毛皮過度乾燥。用烘毛籠將毛皮吹至半乾。最後再用吹風機和柄梳吹乾並去除廢毛。

8. 為使毛皮平滑柔順，在吹乾犬隻的時候用大毛巾包覆犬隻的身體。等到毛皮幾乎全乾了再把毛巾拿掉。

9. 用柄梳梳理犬隻全身的毛皮，務必要讓梳子接觸到皮膚，用吹風機吹開毛並塑型。再用梳子梳理犬隻全身的毛皮以呈現平滑柔順的外觀。耳後的軟毛要用梳子較細的部分進行梳理。

10. 可以用剪刀剪去鬍鬚來強調表情。（可剪可不剪）

11. 用刮刀去除頭部頂端、耳朵周圍和頸部下方的雜毛。用打薄剪將耳朵與頭部之間的層次融合在一起。用打薄剪修剪耳朵下方的毛，使其更貼近頭部。

12. 整理頸部和肩部的層次使其平順。用打薄剪將頸部下方的層次融入胸部。不要留下粗糙的部分，呈現平滑的錐形就好。

13. 輕輕去除背上的雜毛。你也可以用手持 15 號刀頭來完成這項工作。背部不應該有任何突出的線條，只要去除不符合整體輪廓需求的毛就好。

14. 如果腿部的毛看起來厚重的話，用打薄剪修剪均勻，將腿部的線條修剪成窄管的形狀。去除飛節到腳底之間長而不均勻的毛。

15. 用塗上蛋白質護毛素的豬鬃毛刷刷犬隻的毛皮以增添光澤與香味。

布魯塞爾
格林芬犬

工具與設備

- 魚骨剪
- 梳子
- 棉球
- 耳朵清潔劑
- 指甲剪（圓洞式或剪刀式）
- 洗毛精（泛用型或蓬鬆型）
- 針梳
- 直式剪刀
- 刮刀
- 止血粉

美容程序

1. 修剪指甲，只剪去最前端的部分；要避免剪到肉。如果流血了，用止血粉來止血。粗糙的部分用銼刀打磨圓滑。

2. 用手指拔除耳道所有的毛。用耳朵清潔劑清理耳朵。以棉球沾耳朵清潔劑，清除兩耳累積的髒汙與耳垢。

3. 以針柄梳梳理犬隻的全身以清除壞死的毛髮並開結。

4. 用刮刀拔出頭部中間（頭頂上）向下延伸到尾巴的所有壞死、廢毛。去除從肩部垂到肘部、從胸部垂到腰部、從胸部垂到腿部的毛。剩下的毛應該要等長而柔順。

5. 以你所選擇的洗毛精為犬隻洗澡並徹底沖洗乾淨。

6. 用毛巾初步擦乾犬隻身體，再以烘毛籠烘乾。

7. 以直式剪刀修剪長於肉球間的毛，稍微修圓腳掌。

8. 用魚骨剪剪去耳廓外從耳朵根部到耳朵末端的毛。再用直式剪刀修剪耳朵附近的毛，使其與耳廓的毛等長。

9. 用魚骨剪修剪面部的毛，使犬隻從前方看來呈圓形。眼角附近的毛也一併處理。

10. 腳部過長的毛以魚骨剪去除，這樣看起來才會比較自然。

11. 胸部以下的毛也用魚骨剪剪出需要的形狀，從肘部到腰部進行修剪。

12. 肛門附近的毛視情況修剪，尾巴也可以用魚骨剪進行修剪。

　　布魯塞爾格林芬犬看起來要整潔而自然，大約每六到八週就應該美容一次。

美容程序

1. 修剪指甲，只剪去最前端的部分；要避免剪到肉。如果流血了，用止血粉來止血。粗糙的部分用銼刀打磨圓滑。

2. 用耳朵清潔劑清潔耳朵。用棉球沾清潔劑去除兩耳積累的髒汙與耳垢。

3. 用你所選擇的洗毛精幫犬隻洗澡。要特別留心面部、腿部和身體週遭的皮膚皺褶。你可以用橡膠刷在犬隻身上搓揉出泡沫，此舉能夠同時去除壞死的毛髮。徹底沖洗乾淨。

4. 用毛巾初步擦乾犬隻的身體，再用吹風機吹乾。這個犬種可以使用烘毛籠。

5. 用梳毛手套梳理犬隻的身體，去除殘留的壞死毛髮，並有助維持毛皮柔順。

6. 在犬隻全身的毛皮上噴灑上一些護毛噴劑或亮毛噴劑，再用乾淨的乾布料擦拭使其毛皮煥發光澤。

7. 可視情況以剪刀修剪鬍鬚。

鬥牛犬應該每八到十二週進行一次美容。

鬥牛犬

工具與設備

- 棉球
- 耳朵清潔劑
- 梳毛手套
- 指甲剪（圓洞式或剪刀式）
- 橡膠刷
- 剪刀
- 洗毛精（泛用型或美白型）
- 護毛噴劑或亮毛噴劑
- 止血粉

鬥牛獒

工具與設備

- 麂皮布
- 棉球
- 眼藥水（除淚痕液）
- 羊毛脂護毛劑
- 藥用耳粉
- 藥用滑石粉
- 指甲剪
- 剪刀
- 豬鬃梳

美容程序

1. 徹底梳理犬隻全身的毛皮。
2. 以藥用耳粉清潔耳朵。
3. 以棉球沾除淚痕液擦拭並清潔眼睛。這樣還能去除眼角的髒污。
4. 修剪指甲，只剪去最前端的部分；要避免剪到肉。
5. 用沾濕了的棉球清理嘴唇內側，去除卡住的食物殘渣。
6. 用剪刀修剪吻部、下巴、臉頰兩側與眼睛上方的毛。【注意：要不要修剪這些毛由飼主決定。】
7. 為防止水分進入耳道，先將棉球塞入耳朵中再幫犬隻洗澡。以烘毛籠烘乾毛皮。
8. 用沾了除淚痕液的棉球清潔面部的皺摺；每天用眼藥水或滑石粉清潔皺褶可以保持乾淨並能防止疼痛與感染。
9. 將些許羊毛脂護毛劑擠到手上，搓揉後塗抹於犬隻毛皮上。
10. 用豬鬃梳塗開護毛劑，然後用麂皮布輕輕擦拭毛皮，這能讓毛皮煥發光澤。

　　如果飼主平常有幫鬥牛獒梳毛的話，鬥牛獒其實並不怎麼需要洗澡。羊毛脂護毛劑可以每月使用來維持毛皮的健康與亮麗。耳朵應該每週檢查一次，必要時進行清潔。每月檢查一次指甲，必要時進行修剪。

美容程序

1. 先用橡膠刷刷過一次犬隻的毛皮，再用豬鬃毛刷徹底刷過一次。

2. 以沾有清潔劑的棉球擦拭耳朵以去除異味，然後用乾棉球擦乾耳朵，再用藥用耳粉擦拭耳朵。

3. 以圓洞式指甲剪修剪指甲。指甲應該每個月進行修剪。

4. 以棉球沾淚痕清潔液擦拭並清潔眼睛。這樣還能去除眼角的髒污。

5. 以中性偏鹼的無刺激亮白洗毛劑幫犬隻洗澡以美白犬隻的毛皮。

6. 用烘毛籠稍微烘乾犬隻的毛皮，再用吹風機和豬鬃毛刷完成乾燥動作。

7. 可以用剪刀剪去鬍鬚來強調表情。（可剪可不剪）

8. 用噴霧或是貂油讓毛皮閃閃發光，再用豬鬃毛刷刷過。

工具與設備

- 棉球
- 耳朵清潔劑
- 淚痕清潔液
- 藥用耳粉
- 貂油
- 指甲剪（特大型）
- 豬鬃毛刷
- 橡膠刷
- 剪刀
- 無刺激蛋白洗毛精

迷你
牛頭㹴

美容程序

1. 用豬鬃梳用力地刷犬隻的毛皮。
2. 以藥用耳粉清潔耳朵。
3. 用棉球沾眼藥水清潔眼睛部位，同時去除淚痕。
4. 以指甲剪剪去指甲的尖端，小心不要剪到肉。
5. 用剪刀修剪吻部、下巴、臉頰兩側與眼睛上方的毛。【注意：要不要修剪這些毛由飼主決定。】
6. 為防止水分進入耳道，先將棉球塞入耳朵中再幫犬隻洗澡。以烘毛籠烘乾毛皮。
7. 將些許羊毛脂護毛劑擠到手上，搓揉後塗抹於犬隻毛皮上。
8. 用豬鬃梳塗開護毛劑，然後用麂皮布輕輕擦拭毛皮，這能讓毛皮煥發光澤。

　　由於迷你牛頭㹴的毛皮顏色，應該每六到八週進行一次美容。耳朵應該每週檢查一次，必要時進行清潔。每月檢查一次指甲，必要時進行修剪。

美容程序

1. 梳理犬隻全身毛皮以去除打結與壞死毛皮。

2. 在耳朵灑上耳粉。

3. 剪指甲，別剪得太深。如果流血了的話，用止血粉來止血。

4. 修剪肉球間的毛使其與腳底齊平。

5. 用 10 號刀頭，修剪肛門附近 1 ／ 2 英吋（1公分）的毛。

6. 修剪腹部下半部分的毛。

7. 用 5 號、7 號或 8 號半的刀頭，修剪頸部根部到尾巴末端的毛。

8. 將肩部當作基準，修剪兩側的毛，將其融入底邊的層次。

9. 用同樣的刀頭，從頸部根部開始修剪，將毛融入胸骨的層次。

10. 用 10 號刀頭，修剪耳朵根部到末端的毛。

11. 用剪刀修剪耳朵的邊緣以求外觀的整潔。

12. 去除內眼角生長的毛。

13. 用打薄剪，將犬隻的臉部修圓。

14. 確保在側面看來，眉毛能像遮陽棚那樣突出；眉毛不應該蓋住眼睛。

工具與設備

- 梳子
- 耳粉
- 指甲剪
- Oster A-5 理毛剪 ／ 5號、7號、8號半、10號刀頭
- 剪刀
- 針梳
- 止血粉
- 打薄剪

凱恩㹴

15. 修剪足部的邊緣，使其變圓。

16. 在尾巴的下緣，針對未處理的那些毛，將尾巴往上拉，用打薄剪將尾巴剪成聖誕樹的形狀，由根部到末端漸漸變尖。

17. 修剪突出毛皮的雜毛。

18. 幫犬隻洗澡。

19. 吹蓬犬隻，或是用烘毛籠將其烘乾。

20. 梳毛，如果有雜毛沒有處理到的話，重複前面的步驟 4 到 17。

約恩㹴應該每四到八週進行一次美容。

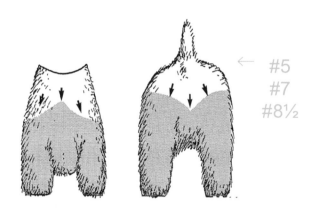

美容程序

1. 將蛋白質護毛素噴灑於犬隻全身的毛皮，強健毛皮並修復分叉。用針梳梳理毛皮以除去廢毛，再用短毛種用拆結牙梳（564號）梳理鬆散的底層絨毛。

2. 以沾有清潔劑的棉球擦拭耳朵以去除異味，然後用乾棉球擦乾耳朵，再用藥用耳粉擦拭耳朵。

3. 以圓洞式指甲剪修剪指甲。指甲應該每個月進行修剪。

4. 以中性偏鹼的無刺激蛋白洗毛精幫犬隻洗澡，豐潤並修復受損毛皮。

5. 用烘毛籠稍微烘乾犬隻的毛皮，再用吹風機和豬鬃毛刷完成乾燥動作。用中型梳子徹底梳理犬隻全身的毛皮。

6. 檢查肉球之間有沒有雜毛、髒汙，剪去肉球間過長的毛。修剪腳部附近的毛讓它看起來整齊。用打薄剪修剪腳趾間過毛的毛。記得梳理骹後方的毛。

7. 剪掉尾巴下方可能會因碰到肛門而變髒的長毛。

8. 可以用剪刀剪去鬍鬚來強調表情。（可剪可不剪）

9. 用塗上蛋白質護毛素的豬鬃毛刷刷犬隻的毛皮以增添光澤與香味。

卡提根威爾斯柯基犬

工具與設備

- 棉球
- 耳朵清潔劑
- 除淚痕液
- 藥用耳粉
- 指甲剪
- 蛋白質護毛素
- 豬鬃毛刷
- 剪刀
- 短毛種用拆結牙梳（564號）
- 針梳（軟式）
- 鋼梳（中型／小型）
- 無刺激蛋白洗毛精

查理斯王騎士犬

工具與設備

- 棉球
- 眼藥水（除淚痕液）
- 藥用耳粉
- 排梳（疏齒）
- 指甲剪
- Oster A-5 理毛剪／10 號刀頭
- 剪刀
- 針梳
- 打薄剪

美容程序

1. 用刷子和梳子梳理毛皮，務必去除所有打結的地方。
2. 以藥用耳粉清潔耳朵，輕輕拔除耳朵內的雜毛。
3. 用沾了除淚痕液的棉球擦拭眼睛。此舉也有助於去除眼睛週遭的淚痕。
4. 以指甲剪剪去指甲的尖端，小心不要剪到肉。
5. 用剪刀修剪吻部、下巴、臉頰兩側與眼睛上方的毛。【注意：要不要修剪這些毛由飼主決定。】
6. 用 Oster A-5 理毛剪上的 10 號刀頭剃去肛門部位的毛，小心別讓刀頭直接碰到皮膚（距離 1 英吋半，4 公分）。【注意：要不要修剪這些毛由飼主決定。】
7. 用 10 號刀頭剃掉腹部區域從腹股溝到肚臍和大腿內側的毛。【注意：要不要修剪這些毛還是要由飼主決定。】
8. 為防止水分進入耳道，先將棉球塞入耳朵中再幫犬隻洗澡。以烘毛籠烘乾毛皮。
9. 輕輕梳理犬隻全身的毛皮。
10. 用剪刀剪去肉球與腳趾間的毛，以及腳邊緣的毛來呈現出整潔的樣子。
11. 用打薄剪將飛節到後腿的雜毛去除。前腳的腳踝也比照辦理。
12. 用打薄剪去除頭部和耳朵上緣的雜毛。
13. 梳理犬隻全身的毛皮以去除蓬鬆的毛。

　　查理斯王騎士犬每六到八週就應該美容一次。耳朵則需要每週檢查一次，在必要時進行清潔，指甲在美容時一併檢查與修剪。

美容程序

1. 修剪指甲，只剪去最前端的部分；要避免剪到肉。如果流血了，用止血粉來止血。

2. 用耳朵清潔劑清理耳朵。以棉球沾耳朵清潔劑，清除兩耳累積的髒汙與耳垢。

3. 以針柄梳梳理犬隻的全身以清除鬆散或壞死的毛。

4. 以你所選擇的洗毛精為犬隻洗澡，好好搓揉起泡，並徹底沖洗乾淨。

5. 用毛巾擦去多餘的水分，然後以烘毛籠烘乾。

　　這個犬種不需要多餘的美容，有需要的話鬍鬚和眉毛可以修剪一下。可以用刷子刷理犬隻的毛皮使其緊實。乞沙比克獵犬每八到十二週就應該美容一次。

乞沙比克 獵犬

工具與設備

- 棉球
- 耳朵清潔劑
- 指甲剪（圓洞式或剪刀式）
- 洗毛精（泛用型）
- 針梳
- 止血粉

長毛
吉娃娃

美容程序

1. 修剪指甲，只剪去最前端的部分；要避免剪到肉。如果流血了，用止血粉來止血。粗糙的部分用銼刀打磨圓滑。

2. 用耳朵清潔劑清理耳朵。以棉球沾耳朵清潔劑，清除兩耳累積的髒汙與耳垢。

3. 以你所選擇的洗毛精為犬隻洗澡並徹底沖洗乾淨。用護毛素來防止靜電產生。

4. 用毛巾擦乾犬隻的毛皮，一邊用梳子順著毛生長的方向梳理，一邊用吹風機吹乾。這能使犬隻的毛直而柔順。

5. 梳理犬隻全身的毛皮，確保打結的部位都已經去除。

6. 用魚骨剪，去除腳上方腳趾間的毛。

7. 小心地將肛門附近的毛剪短。

　　長毛吉娃娃頸部週遭的毛應該要蓬鬆，而耳朵與面部輪廓的毛則要長。尾巴上的毛要梳成羽毛狀。長毛吉娃娃每六到八週就應該美容一次。

美容程序

1. 修剪指甲，只剪去最前端的部分；要避免剪到肉。如果流血了，用止血粉來止血。粗糙的部分用銼刀打磨圓滑。

2. 用耳朵清潔劑清理耳朵。以棉球沾耳朵清潔劑，清除兩耳累積的髒汙與耳垢。

3. 以你所選擇的洗毛精為犬隻洗澡並徹底沖洗乾淨。有需要的話，可以加以潤絲。可以用橡膠刷來搓揉起泡，並去除多餘壞死毛皮。

4. 用毛巾初步擦乾犬隻身體，再以烘毛籠烘乾。

5. 用魚骨剪去除後腿後方、前腿後方、頸部兩側的雜毛。要剪去夠多的毛才能讓犬隻看起來整潔。要讓犬隻看起來修剪過，剪掉的毛永遠不嫌多。

　　短毛吉娃娃應該要有清楚的輪廓。每六到八週就應該美容一次。

短毛
吉娃娃

工具與設備

- 魚骨剪
- 豬鬃刷
- 棉球
- 耳朵清潔劑
- 指甲剪（圓洞式或剪刀式）
- 橡膠刷
- 洗毛精（泛用型或修護型）
- 止血粉

中國
冠毛犬

工具與設備

- 蘆薈製或幼犬用洗毛精
- 嬰兒油
- 棉球
- 眼藥水（除淚痕液）
- 藥用耳粉
- 指甲剪
- 豬鬃梳

美容程序

1. 輕輕梳理飾毛。
2. 以藥用耳粉清潔耳朵，輕輕拔除耳朵裡的雜毛。
3. 用沾了除淚痕液的棉球擦拭眼睛。此舉也有助於去除眼睛週遭的淚痕。
4. 以指甲剪剪去指甲的尖端，小心不要剪到肉。
5. 為防止水分進入耳道，先將棉球塞入耳朵中再幫犬隻洗澡，洗完後以軟毛巾輕拍犬隻吸取水分。
6. 吹蓬飾毛。
7. 在你的掌心上滴幾滴嬰兒油，搓揉後按摩犬隻，讓犬隻的肌膚吸收嬰兒油。

中國冠毛犬可以約每四週洗一次澡。飼主應該每兩週便用嬰兒油按摩犬隻一次，使其肌膚柔嫩。耳朵則需要每週檢查一次，在必要時進行清潔，指甲在美容時一併檢查與修剪。

美容程序

1. 修剪指甲,只剪去最前端的部分;要避免剪到肉。如果流血了,用止血粉來止血。粗糙的部分用銼刀打磨圓滑。

2. 用耳朵清潔劑清理耳朵。以棉球沾耳朵清潔劑,清除兩耳累積的髒汙與耳垢。

3. 以你所選擇的洗毛精為犬隻洗澡。以橡膠刷幫犬隻清理壞死的毛皮。徹底沖洗乾淨;否則殘留在肌膚上或皺褶中的洗毛精可能會刺激犬隻的肌膚。

4. 用毛巾初步擦拭犬隻的身體,再用吹風機完全吹乾。

5. 犬隻完全乾燥之後,用梳毛手套去除壞死毛皮或廢毛,並柔順毛皮。可以加一點點的護毛噴劑或亮毛噴劑來增添光澤。

6. 在處理沙皮狗時,皮膚的皺褶處要格外留心。幫犬隻洗完澡後,千萬別讓水分殘留,皺褶處務必要完全乾燥。用上一點點的嬰兒粉能讓皺褶處乾燥且免於受到刺激。

7. 有需要的話,鬍鬚可以用剪刀進行修剪。

    美容完畢的沙皮狗應該要有漂亮的皺褶與亮麗的毛皮。每八到十二週就應該美容一次。

沙皮狗

工具與設備

- 嬰兒粉
- 吹風機
- 棉球
- 耳朵清潔劑
- 梳毛手套
- 指甲剪(圓洞式或剪刀式)
- 橡膠刷
- 剪刀
- 洗毛精(泛用型或增蓬型)
- 護毛噴劑或亮毛噴劑
- 止血粉

鬆獅犬

工具與設備

- 梳子（大齒）
- 棉球
- 耳朵清潔劑
- 吹水機
- 指甲剪（圓洞式或剪刀式）
- 洗毛精（泛用型或修護型）
- 針梳
- 直式剪刀
- 止血粉

美容程序

1. 修剪指甲，只剪去最前端的部分；要避免剪到肉。如果流血了，用止血粉來止血。粗糙的部分用銼刀打磨圓滑。

2. 用耳朵清潔劑清理耳朵。以棉球沾耳朵清潔劑，清除兩耳累積的髒汙與耳垢。

3. 用針梳梳理犬隻全身的毛皮。在你梳理毛皮的時候，將毛皮盡量貼近皮膚。這有助於去除毛皮打結或纏成一團的情況。

4. 以你所選擇的洗毛精為犬隻洗澡。徹底沖洗乾淨。潤絲可以在洗完澡後進行。

5. 用毛巾擦乾犬隻的身體。可以用吹水機吹掉毛皮上多餘的水分。接下來，一邊用針梳梳理毛皮，一邊用一般的吹風機吹乾。梳理的時候要循著毛生長的方向梳。毛皮完全乾燥後，再用大齒排梳徹底梳理過一次，檢查是否還有糾纏的毛球。

6. 小心地修剪肛門附近多餘的毛。

7. 用剪刀修剪腳掌下方和肉球之間的毛。腳趾之間的毛和腳上的毛都要修剪，以呈現乾淨、整潔的外觀。腳掌要呈現緊實、如同貓足般的外觀。

8. 想要的話，可以修剪鬍鬚和眉毛。

9. 飛節後方多餘的毛都應予以清除。

每四到六週就應該美容一次。

美容程序

1. 修剪指甲，只剪去最前端的部分；要避免剪到肉。如果流血了，用止血粉來止血。粗糙的部分用銼刀打磨圓滑。

2. 用耳朵清潔劑清理耳朵。以棉球沾耳朵清潔劑，清除兩耳累積的髒汙與耳垢。

3. 用針梳徹底梳理毛皮，去除糾結與壞死的毛皮。

4. 以你所選擇的洗毛精為犬隻洗澡。徹底沖洗乾淨。洗澡後的護毛素可以去除靜電並使毛皮平貼。

5. 用毛巾擦乾，再一邊用針梳梳理毛皮，一邊用一般的吹風機吹乾。梳理的時候要循著毛生長的方向梳。

6. 以直式剪刀小心地剪去腳趾間多餘的毛。

7. 用魚骨剪去除腳趾間與腳上的毛。為求呈現自然的外觀，腳掌應該看起來整齊而緊實。

8. 去除飛節後方多餘的毛。

9. 用魚骨剪將耳朵修剪乾淨。耳殼下方的毛要打薄，好讓耳朵能平貼。耳朵開口正前方的毛也可以剪掉，以求耳道更為通風。

10. 要使頭顱上方多餘的毛平順，讓頭顱呈現較寬、整齊的外觀。面部和吻部的「絨毛」可以去除掉。

11. 尾巴末端多餘的毛或飾毛可以去除掉。

12. 去除身體和腿部的雜毛——但不要讓它看起來像是剪過的樣子，整齊就好。

克倫伯獵犬

工具與設備

- 魚骨剪
- 梳子
- 棉球
- 耳朵清潔劑
- 指甲剪（圓洞式或剪刀式）
- 洗毛精（泛用型或亮白型）
- 針梳
- 直式剪刀
- 止血粉

美國
可卡犬

工具與設備

- 指甲剪
- Oster A-5 理毛剪／5號 F、7號F、8號半、10 號、15號刀頭
- 剪刀
- 針梳
- 鋼梳（齒寬1／4英吋、 0.6公分）
- 刮刀
- 打薄剪

美容程序

1. 用針梳梳理犬隻的毛皮。如果肘部下方或後 肢內側有打結的情形，用 10 號或 15 號刀頭 剃掉。

2. 清潔耳朵。

3. 幫犬隻洗澡。用蛋白質洗毛精和護毛素。如 果毛皮有打結的情形，一併浸濕。

4. 用烘毛籠吹到半乾。在美容桌上完成乾燥程 序，一邊梳理毛皮，一邊用吹風機吹乾。毛 短的地方先處理。修剪前，犬隻的毛皮務必 要完全乾燥。

5. 用 10 號刀頭逆著下顎骨與臉頰紋理修剪面 部。清除下顎所有的毛，包括嘴唇的皺褶處。 有必要的話，將手指插入嘴角，拉緊皮膚， 剪去所有的毛。處理這個區域藥用 15 號刀 頭。將下巴的肉往下拉，去除掉所有的毛。 嘴巴張開時要能清楚看到這個區域。基於衛 生需求，這一點相當重要。

6. 用 10 號刀頭在前額與吻部突出部分之間的 分界處弄出一個倒 V 字型。修剪鼻子上方與 眼睛下方的部分。

7. 修剪頭部後方，從耳朵根部往前，用 10 號 刀頭將其融入頸部的層次。如果眼睛上的毛 很長，用 5 號 F 或 7 號 F 來進行修剪。用打 薄剪或直式剪刀將毛融入頭頂的層次。

8. 用 10 號或 15 號刀頭修剪耳朵的部分。不管 網上剪還是往下剪，耳朵內外的毛都要盡可 能修剪乾淨。大概要剪掉耳朵三分之一長度 的毛，通常是2.5英吋（6公分）左右的長度。

9. 用刮刀徹底清理犬隻的底層絨毛。這能讓修 剪的痕跡不那麼明顯。

10. 用 7 號 F 刀頭修剪犬隻的身體，包括尾巴。 按著犬隻毛生長的方向進行修剪，最後將側

邊融入較長毛的層次當中。不要剪出直線（像波浪裙擺那樣）來。這條線可以在過重的犬隻身上營造出修長的效果。

11. 清理尾巴的上方與下方。修剪尾巴下方的區域，留大概2到3英吋（5到8公分）的長度，然後剪成羽毛狀。

12. 從前方與側邊以10號刀頭修剪頸部到胸骨的部分。

13. 用刮刀徹底清理頸部與背部。

14. 修剪指甲。

15. 修剪腳部周圍的毛，使其與肉球齊平。感覺一下肉球之間有沒有打結的毛。有必要的話，用15號刀頭把打結的毛剃掉。

16. 可卡犬的腳應該要呈圓型。將犬隻的指甲作為基準，將剪刀垂直貼於指甲上，然後再進行修剪。指甲不應該被看到。有時候要把腿部的毛皮撩起才能看到腳的前端。撩起毛，用剪刀剪出第一個圓圈。向下、向外反覆梳理。讓圓圈更臻完美。

17. 腿部參差不齊的毛要修剪成整齊的外觀。剪去毛的末端以求外觀圓潤，或是剪去1到2英吋（2.5到5公分）的毛，使其呈「幼犬造型」。

英國
可卡犬

工具與設備

- 魚骨剪
- 梳子
- 棉球
- 耳朵清潔劑
- 指甲剪（圓洞式或剪刀式）
- Oster A-5 理毛剪／7號、10號、15號刀頭
- 洗毛精（泛用型或修護型）
- 針梳
- 直式剪刀
- 止血粉

美容程序

1. 修剪指甲，只剪去最前端的部分；要避免剪到肉。如果流血了，用止血粉來止血。粗糙的部分用銼刀打磨圓滑。

2. 用耳朵清潔劑清理耳朵。以棉球沾耳朵清潔劑，清除兩耳累積的髒汙與耳垢。

3. 用15號刀頭剪去腳指下方與肉球之間的毛。

4. 用10號刀頭，剃掉從腹股溝到肚臍再到大腿內側的毛。隨著毛的增長而修剪。

5. 梳理犬隻全身的毛皮以去除打結或壞死的毛皮。

6. 以你所選擇的洗毛精為犬隻洗澡。徹底沖洗乾淨。洗澡後的潤絲可以去除靜電並使毛皮更好整理。

7. 用毛巾擦乾，再一邊梳理毛皮，一邊用一般的吹風機吹乾。梳理的時候要循著毛生長的方向梳。此舉有助於使毛伏貼。

8. 用10號刀頭循著毛生長的方向修剪吻部，然後經過臉頰，再到耳朵開口前方。修剪下巴到喉部的毛。接下來是胸骨上方以及喉部V字型的縫（兩種不同生長方向毛交會的地方）。

9. 頭顱的頂部應該從眉毛後方1/2英吋（1公分）的地方開始修剪，剪到頭顱後方。耳朵上方三分之一的地方，無論內側、外側均應修剪。耳朵前面的毛也應予小心地修剪，以使空氣能於耳道中流通。

10. 用7號刀頭修剪耳瓣下方到頸部側邊再到肩部。

11. 身體上方的毛皮也可以用7號刀頭修剪。從頭顱根部修剪到尾巴的末端。從脊椎處開始往下修剪，經過身體的兩側，到肋骨最寬的地方。這條線幾乎是筆直地穿過犬隻的一

側，除了肩部，它向下延伸到前腿與身體前部相連處。在後腿的部分，修剪的線條要稍微低一些以露出大腿外側頂部的肌肉。

12. 上方的毛皮還有另一種修剪的方法，實際上，這才是正確的方法，就是讓毛皮保持自然，但將其打薄。這有助於使毛皮平貼在犬隻身上。這種方法所產生的線條與修剪所產生的線條是一樣的。

13. 英國可卡犬不應該在腿部或腹部有過多的毛皮。這些地方的毛應該用魚骨剪剪短使其看起來自然。

14. 用魚骨剪去除腳趾間與腳上的毛。為求呈現自然的外觀，腳掌應該看起來整齊而緊實。

15. 最後，用魚骨剪融合眉毛附近的層次，讓頭顱顯得修長而精緻，前額與吻部突出部分之間的分界不能過於明顯。

美容完成的英國可卡犬應該呈現身材短小、體型強壯、頭部特徵鮮明。每六到八週就應該美容一次。

長毛
牧羊犬

工具與設備

- 棉球
- 耳朵清潔劑
- 吹水機
- 大型柄梳
- 長毛種用拆結牙梳（565號）
- 藥用耳粉
- 指甲剪
- Oster A-5 理毛剪／10號刀頭
- 蛋白質護毛素
- 豬鬃毛刷
- 剪刀
- 針梳
- 鋼梳（小型／中型）
- 無刺激蛋白洗毛精
- 打薄剪
- 木製多用途梳

美容程序

1. 將蛋白質護毛素噴灑於犬隻全身的毛皮，強健毛皮並修復分叉。用底層絨毛耙梳理犬隻全身的毛皮，使毛皮膨鬆並去除壞死的底層絨毛。分階段處理，用你的另一隻手撩起你正在處理的毛。從犬隻的背部處理到頸部。用針梳梳理毛皮以去除壞死的外層絨毛。如果犬隻的毛皮很厚重的話，用拆結牙梳處理，再用曲面橡膠梳用力梳。你在這個步驟去除的毛愈多，你待會兒要洗、要吹乾的毛就愈少。

2. 以寬木柄梳梳理犬隻全身的毛皮。用小型排梳梳理耳朵後面柔軟的毛。用手指拔掉耳朵後方壞死的毛。

3. 以沾有清潔劑的棉球擦拭耳朵以去除異味，然後用乾棉球擦乾耳朵，再用藥用耳粉擦拭耳朵。

4. 以圓洞式指甲剪修剪指甲。指甲應該每個月進行修剪。

5. 檢查肉球之間有沒有雜毛、髒汙，剪去肉球間過長的毛。修剪腳部附近的毛讓它看起來整齊。用打薄剪修剪腳趾間過毛的毛。腳趾與腳趾應該緊密，像貓那樣。

6. 以中性偏鹼的無刺激蛋白洗毛精幫犬隻洗澡，豐潤並修復受損毛皮。

7. 在犬隻離開浴缸前，用吹水機吹掉犬隻身上多餘的水分。這能加快乾燥時間並避免毛皮過度乾燥。用吹風機和柄梳吹乾並去除廢毛。

8. 梳犬隻全身的毛皮，務必要讓刷子接觸到皮膚，用吹風機吹開毛並塑型。

9. 用小型排梳來梳理頭部和耳朵。直直往後梳。保持吻部光滑。耳朵後方多餘的毛可以用打薄剪打薄。鬍鬚可以用剪刀剪掉以強調表情。（可剪可不剪）

10. 把腿部的毛梳成羽毛狀。修剪腿部和飛節多餘的毛。後肢飛節下方應該保持平滑，從飛節到地面要呈垂直。維持前肢的羽狀毛完整，但還是要修剪一下，讓它貼近腳邊但別讓它碰到地面。

11. 修剪尾巴下方會碰到肛門的毛，以確保乾淨，再用 10 號刀頭混合該部位的層次。

12. 在犬隻的毛皮上灑上蛋白質護毛素以增添光澤與香味。用針梳倒著梳毛，這樣毛才會離開身體、站起來。

短毛
牧羊犬

工具與設備

- 棉球
- 耳朵清潔劑
- 除淚痕液
- 藥用耳粉
- 指甲剪
- 蛋白質護毛素
- 豬鬃毛刷
- 剪刀
- 短毛種用拆結牙梳（564號）
- 針梳（軟式）
- 鋼梳（中型／小型）
- 無刺激蛋白洗毛精

美容程序

1. 將蛋白質護毛素噴灑於犬隻全身的毛皮，強健毛皮並修復分叉。用針梳梳理毛皮以除去廢毛，再用短毛種用拆結牙梳（564號）梳理鬆散的底層絨毛。

2. 以沾有清潔劑的棉球擦拭耳朵以去除異味，然後用乾棉球擦乾耳朵，再用藥用耳粉擦拭耳朵。

3. 以圓洞式指甲剪修剪指甲。指甲應該每個月進行修剪。

4. 以中性偏鹼的無刺激蛋白洗毛精幫犬隻洗澡，豐潤並修復受損毛皮。

5. 在犬隻離開浴缸前，用吹水機吹掉犬隻身上多餘的水分。這能加快乾燥時間並避免毛皮過度乾燥。用吹風機和柄梳吹乾並去除廢毛，再用鋼梳梳理犬隻全身的毛皮。特別留意耳後的部分，這裡要用小型的鋼梳。

6. 用剪刀將耳朵根部與內部的毛修剪乾淨。

7. 檢查肉球之間有沒有雜毛、髒汙，剪去肉球間過長的毛。修剪腳部附近的毛讓它看起來整齊。用打薄剪修剪腳趾間過毛的毛。記得梳理骹後方的毛。

8. 鬍鬚可以用剪刀剪掉以強調表情。（可剪可不剪）

9. 身體下方要盡可能呈現自然的樣貌，用打薄剪除去雜毛來使這個地方的輪廓光滑。

10. 用打薄剪將臀部修剪得圓潤而美觀。不要剪得太多或剪得太過明顯。毛皮應該柔順而自然。

11. 用塗上蛋白質護毛素的豬鬃毛刷刷犬隻的毛皮以增添光澤與香味。

捲毛
尋回犬

工具與設備

- 魚骨剪
- 棉球
- 耳朵清潔劑
- 指甲剪（圓洞式或剪刀式）
- 洗毛精（泛用型）
- 針梳
- 直式剪刀
- 止血粉

美容程序

1. 修剪指甲，只剪去最前端的部分；要避免剪到肉。如果流血了，用止血粉來止血。粗糙的部分用銼刀打磨圓滑。

2. 用耳朵清潔劑清理耳朵。以棉球沾耳朵清潔劑，清除兩耳累積的髒汙與耳垢。

3. 梳理犬隻全身的毛皮以去除壞死毛皮或廢毛。

4. 以你所選擇的洗毛精為犬隻洗澡。好好搓揉起泡，並徹底沖洗乾淨。

5. 用毛巾擦乾犬隻，再用烘毛籠完成烘乾程序。

6. 用魚骨剪去除犬隻臉部的絨毛。臉部要保持光滑。

7. 用直式剪刀去除從毛皮上的絨毛或突出的毛。這種狗正如其名，毛皮應該要是捲的，所以洗完澡之後就不要再刷毛了。

美容程序

1. 以針梳梳理犬隻全身毛皮，以排梳去除打結的毛皮。

2. 以藥用耳粉清潔耳朵，輕輕拔除耳朵內的雜毛。

3. 用棉球沾眼藥水清潔眼睛部位。有些眼藥水還能去除眼睛週遭的淚痕。

4. 以指甲剪剪去指甲的尖端，小心不要剪到肉。

5. 用 Oster A-5 理毛剪剃去肛門部位的毛，小心別讓刀頭直接碰到皮膚。【注意：要不要修剪這些毛由飼主決定。】

6. 用 Oster A-5 理毛剪剃腹部區域的毛，從腹股溝刮到肚臍下方再到大腿內側。【注意：這仍要取決於飼主的喜好。】

7. 用剪刀修剪吻部的鬍鬚、下巴下方、臉部側邊與眼睛上方。【注意：必須先徵求飼主同意才能修剪鬍鬚。】

8. 為防止水分進入耳道，先將棉球塞入耳朵中再幫犬隻洗澡。吹蓬。

9. 用針梳和排梳梳理犬隻的毛皮，腿部、尾巴和耳朵要多加注意，梳成羽毛狀。

10. 用剪刀修剪腳部、腳掌與腳趾間的雜毛，以求整齊的外觀。

長毛臘腸犬每八週就應該美容一次。

長毛
臘腸犬

工具與設備

- 棉球
- 眼藥水（除淚痕液）
- 藥用耳粉
- 排梳（疏齒）
- 指甲剪
- Oster A-5 理毛剪／10 號刀頭
- 剪刀
- 針梳

短毛
臘腸犬

工具與設備

- 麂皮布
- 棉球
- 眼藥水（除淚痕液）
- 羊毛脂護毛劑
- 藥用耳粉
- 指甲剪
- 剪刀
- 豬鬃梳

美容程序

1. 用豬鬃梳輕輕刷毛皮。
2. 以藥用耳粉清潔耳朵。
3. 用棉球沾眼藥水清潔眼睛部位。有些眼藥水還能去除眼睛週遭的淚痕。
4. 以指甲剪剪去指甲的尖端，小心不要剪到肉。
5. 用剪刀修剪吻部的鬍鬚、下巴下方、臉部側邊與眼睛上方。【注意：必須先徵求飼主同意才能修剪鬍鬚。】
6. 為防止水分進入耳道，先將棉球塞入耳朵中再幫犬隻洗澡。以烘毛籠烘乾犬隻。
7. 將些許羊毛脂護毛劑擠到手上，搓揉後塗抹於犬隻毛皮上。
8. 用豬鬃梳塗開護毛劑，然後用麂皮布輕輕擦拭毛皮，這能讓毛皮煥發光澤。

　　短毛臘腸犬應該每八週進行一次美容。在洗澡的間隔中，飼主應該定期幫犬隻刷毛，以維持犬隻健康亮麗的毛皮。耳朵應該每週檢查一次，必要時進行清潔。每月檢查一次指甲，必要時進行修剪。

美容程序

1. 用豬鬃梳輕輕刷毛皮。
2. 梳理毛皮以去除廢毛。
3. 以藥用耳粉清潔耳朵，輕輕拔除耳朵內的雜毛。
4. 用棉球沾眼藥水清潔眼睛部位。
5. 以指甲剪剪去指甲的尖端，小心不要剪到肉。
6. 用 Oster A-5 理毛剪剃腹部區域的毛，從腹股溝刮到肚臍下方再到大腿內側。
7. 剃去肛門部位的毛，小心別讓刀頭直接碰到皮膚。（1／2 英吋，1公分的距離）
8. 為防止水分進入耳道，先將棉球塞入耳朵中再幫犬隻洗澡。以烘毛籠烘乾犬隻。
9. 用剪刀修剪腳部、腳掌與腳趾間的雜毛，以求整齊的外觀。
10. 用剪刀或打薄剪，修剪前腳腳踝週遭與後腳週圍到腿部蓬亂的毛。
11. 仔細梳理犬隻全身的毛皮，去除廢毛。
12. 用剪刀或打薄剪將腹部下方的毛修剪均勻。
13. 徹底梳理毛皮，去除鬆散的毛。

捲毛
臘腸犬

工具與設備

- 棉球
- 眼藥水（除淚痕液）
- 藥用耳粉
- 排梳（疏齒）
- 指甲剪
- Oster A-5 理毛剪／10 號刀頭
- 剪刀
- 豬鬃梳
- 打薄剪

大麥町

美容程序

1. 修剪指甲，只剪去最前端的部分；要避免剪到肉。如果流血了，用止血粉來止血。粗糙的部分用銼刀打磨圓滑。

2. 用耳朵清潔劑清理耳朵。以棉球沾耳朵清潔劑，清除兩耳累積的髒汙與耳垢。

3. 以你所選擇的洗毛精為犬隻洗澡。以橡膠刷幫犬隻清理壞死的毛皮。徹底沖洗乾淨。

4. 先用毛巾初步擦乾犬隻，再將其放入烘毛籠中完全烘乾。

5. 待犬隻毛皮完全乾燥後，以梳毛手套梳理犬隻的毛皮以去除殘留的壞死犬毛並使犬毛伏貼。

6. 在毛皮上噴灑一些護毛劑或亮毛噴劑，用乾淨的乾布擦亮。

7. 想要的話，鬍鬚和眉毛可以剪掉。

大麥町每八到十二週就應該美容一次。

美容程序

1. 將蛋白質護毛素噴灑於犬隻全身的毛皮，強健毛皮並修復分叉。如果犬隻部分毛皮有打結的現象，將解結噴劑噴灑於該區域。讓犬隻靜坐十到十五分鐘，待毛皮吸收噴劑並稍微乾燥。

2. 十五分鐘後，以亮毛噴劑噴灑於犬隻全身的毛皮，潤絲使其便於梳理並防止毛皮破損。用柄梳梳理犬隻全身毛皮，在毛皮的打結區域則運用針梳與多用途梳。從犬隻下半身的垂邊底部開始，分段處理，提起並逐層梳理毛皮。處理的過程中，在每個區域噴上亮毛噴劑。切勿在丹第丁蒙狹毛皮乾燥時進行梳理；水會使打結的地方糾纏得更緊、更難以去除。

3. 以沾有清潔劑的棉球擦拭耳朵以去除異味，然後用乾棉球擦乾耳朵，再用藥用耳粉擦拭耳朵。用手指或耳鉗，拉出耳朵內壞死的毛。

4. 以圓洞式指甲剪修剪指甲。指甲應該每個月進行修剪。

5. 用沾了水的棉球擦拭眼角內側。用沾了除淚痕液的棉球去除眼睛下方與週遭的髒污。

6. 檢查肉球之間是否有黏附異物或髒汙，剪去腳底的毛可以防止碎屑沾黏。用打薄剪修剪會接觸地面的爪子附近或是爪子之間的毛。修剪犬隻可能會踩踏到的毛。

7. 用剪刀修剪肛門附近的毛，去掉肛門上與尾巴下可能弄髒的較長的毛。剪去肛門附近的毛，使肛門口保持乾淨。若是犬隻尾巴下方的區域毛很多的話要進行修剪，否則毛可能會沾黏到糞便。

丹第丁蒙狹

工具與設備

- 棉球
- 耳朵清潔劑
- 耳鉗
- 除淚痕液
- 大型柄梳
- 長毛犬種用拆結牙梳（565號）
- 藥用耳粉
- 指甲剪
- 蛋白質護毛素
- 豬鬃毛刷
- 剪刀
- 針梳
- 鋼梳（小型／中型）
- 解結噴劑
- 無刺激蛋白洗毛精
- 打薄剪
- 木製多用途梳

丹第丁蒙狾

8. 以中性偏鹼的無刺激蛋白洗毛精幫犬隻洗澡，豐潤並修復受損毛皮。

9. 以烘毛籠烘乾犬隻的毛皮至半乾，在美容桌上用吹風機和柄梳吹乾並梳開毛皮。噴灑亮毛噴劑以去除細軟的毛與靜電。用鋼梳梳理犬隻全身的毛皮，務必要梳到皮膚。

10. 用 10 號刀頭隨著紋理修剪腹部區域。

11. 身體毛皮的長度要維持到 2 英吋（5 公分）以內。用打薄剪修剪毛皮或用剪刀修剪毛皮末梢都可以。如果你真的非用理毛剪不可，可以選用 4 號刀頭或是搭配 1 號刀頭套片的 10 號刀頭。

12. 胸部的毛要筆直往下梳並剪短至 2 英吋（5 公分）。

13. 前腳的毛要先往外梳，且每邊都要剪短至 2 英吋（5 公分）。再往下梳，並打薄以貼合肩部到腳的這條直線。將前腳打理乾淨。

14. 後腳的毛要打薄，從腰段到後膝關節也不要超過 2 英吋（5 公分）。將後腳打理乾淨。

15. 去除超過尾巴末端的長毛。用打薄剪來塑造尾巴的形狀，在最長點使末端逐漸收窄，長度不要超過 2 英吋（5 公分）。處理完畢的尾巴應該要像彎刀般彎曲。

16. 用打薄剪縮短內眼角到前額與吻部突出部分之間分界的毛束。這條毛束應該要約莫和犬隻的鼻子等寬。

17. 拔除內眼角的毛。

18. 拔除耳朵內外側的長毛。將毛留在耳朵的摺線上，讓它成為頂髻的一部分。耳尖流蘇狀的毛也要留下來，流蘇狀毛的末端應該要是一個點。

19. 梳理耳瓣的外側。將打薄剪逆著平貼耳朵末端的皮膚。將打薄剪指向皺褶處並將它們翻出來，好讓毛在修剪後能比皺褶處的末端要短。皺褶處的毛要跟頭顱上的毛等長。

20. 剪出一條從外眼角到耳道的線。剪出另一條外眼角到下顎骨末端的線。用打薄剪剪短這個三角形區域的毛。

21. 將頂髻往上梳。剪掉前端，讓頂髻落在眼睛上方。修剪側邊與後方來完成頂髻。頂髻的後方應該是耳後緣的延續。眼睛應該要能被清楚看到，所以要剪掉在眼睛前方的毛。

美容程序

1. 修剪指甲，只剪去最前端的部分；要避免剪到肉。如果流血了，用止血粉來止血。粗糙的部分用銼刀打磨圓滑。

2. 用耳朵清潔劑清理耳朵。以棉球沾耳朵清潔劑，清除兩耳耳道內累積的髒汙與耳垢。

3. 以你所選擇的洗毛精為犬隻洗澡。徹底沖洗乾淨。可以在洗完澡後為毛皮進行保養或熱油修護，但也要沖洗乾淨。這能有助於抑制皮屑形成。

4. 先用毛巾初步擦乾犬隻，再將其放入烘毛籠中完全烘乾。

5. 可以用橡膠刷去除壞死毛皮。

6. 除非是飼主要求，否則作為寵物的杜賓犬通常不需要修剪。會修剪的區域有耳朵的邊緣、耳道開口、鬍鬚和眉毛。接縫（有兩種不同生長方向的毛的區塊）處可以用魚骨剪加以混合。前腳後方的多餘犬毛可以予以去除，大腿後方的亦同。頸部側邊也需要加以留意。

7. 在最後的修飾階段，可以將少量的護毛噴劑或亮毛噴劑噴灑在毛皮上，再用乾淨的布料或梳毛手套拋光。

杜賓犬

工具與設備

- 魚骨剪
- 棉球
- 耳朵清潔劑
- 梳毛手套
- 指甲剪（圓洞式或剪刀式）
- 橡膠刷
- 洗毛精（泛用型、黑色毛皮專用型或修護型）
- 護毛噴劑或亮毛噴劑
- 直式剪刀
- 止血粉

英國
塞特犬

工具與設備

- 魚骨剪
- 梳子
- 護毛素
- 棉球
- 耳朵清潔劑
- 指甲剪（圓洞式或剪刀式）
- Oster A-5 理毛剪／7號、10號、15號刀頭
- 洗毛精（泛用型或亮白型）
- 針梳
- 直式剪刀
- 止血粉

美容程序

1. 修剪指甲，只剪去最前端的部分；要避免剪到肉。如果流血了，用止血粉來止血。粗糙的部分用銼刀打磨圓滑。

2. 用耳朵清潔劑清理耳朵。以棉球沾耳朵清潔劑，清除兩耳累積的髒汙與耳垢。

3. 用 15 號刀頭，修剪腳掌下方與腳趾間的毛。如果想要用剪刀剪的話，也是可以的。

4. 用 10 號刀頭，順著毛生長的方向，剃掉從腹股溝到肚臍再到大腿內側的毛。

5. 梳理犬隻全身的毛皮以去除壞死毛皮與糾纏的毛。

6. 以你所選擇的洗毛精為犬隻洗澡並徹底沖洗乾淨。在洗完澡後，在毛皮上塗上護毛劑，也要沖洗乾淨。

7. 用毛巾將犬隻的身體擦至半乾，吹蓬。在吹乾的同時以用針梳梳理。吹乾的時候記得要順著毛生長的方向梳理，這樣毛才會伏貼身體。持續吹乾與梳理，直到犬隻完全乾燥。

8. 用 10 號刀頭，順著毛生長的方向修剪吻部，接下來修剪臉頰部位到耳朵開口。修剪下巴處的毛，順著修剪直到喉部與胸骨上方，順著毛生長的方向修剪頸部接縫處的 V 字型。頭部的頂端也可以用 10 號刀頭修剪，或用魚骨剪將其修剪平順。

9. 用 10 號刀頭修剪耳朵距末端三分之一的地方，也就是耳朵與頭部的連接處。耳朵的前緣要留一些毛，讓犬隻的表情可以柔和一點。

10. 用 7 號刀頭修剪耳朵下方到肩部的頸部區域。

11. 如果身體頂部的毛皮很厚，可以用 7 號刀頭修剪該區域。從頭部的根部開始修剪到尾巴的根部。向下修剪越過肋骨兩端，也就是肋骨最寬的地方。這條線幾乎直接貫穿犬隻的

一側，除了肩部區域，它向下傾斜到前腿連接身體的位置。在後腿上，修剪的線條可以稍微低一點，露出大腿外側頂端的肌肉。【注意：還有另一種方法，實際上這也是較為正確的方法，就是用刮刀和打薄剪整理犬隻的背部，使犬毛自然平整滑順。這個做法在這裡也適用。】

12. 腳趾間的毛若是從腳的上方露出來了的話可以剪掉，讓犬隻的腳得以看起來整齊、結實、關節良好。

13. 跗關節後方多餘的毛要剪掉。

14. 尾巴要剪成三角旗的形狀（羽毛狀）。尖端要長到可以碰到飛節的程度。

　　美容完畢的英國蹲獵犬應該要有優雅、柔順的毛皮所呈現出的高貴外觀。每四到六週就應該美容一次。

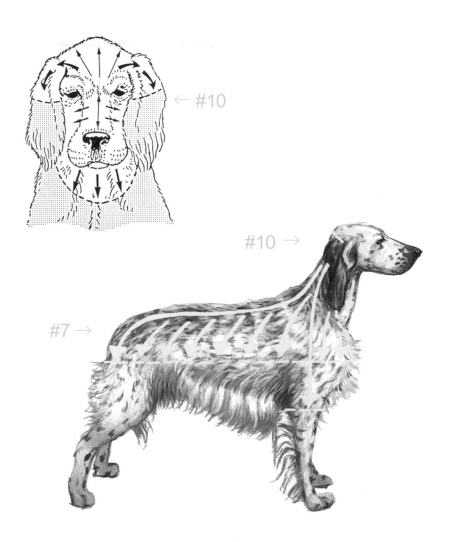

英國
史賓格犬

工具與設備

- 梳子（密齒／疏齒）
- 棉球
- 耳朵清潔劑
- 吹水機
- 藥用耳粉
- 指甲剪
- Oster A-5 理毛剪／7號、7號F、10號刀頭
- 柄梳
- 蛋白質護毛素
- 豬鬃毛刷
- 剪刀
- 短毛種用拆結牙梳（564號）
- 針梳
- 無刺激蛋白洗毛精
- 打薄剪

美容程序

1. 將蛋白質護毛素噴灑於犬隻全身的毛皮，強健毛皮並修復分叉。用拆結牙梳徹底梳理犬隻的毛皮；這能去除壞死毛皮與底層絨毛。先從犬隻下半身的裙擺狀毛開始。分階段處理，用你的另一隻手撩起你正在處理的毛。從犬隻的背部處理到頸部。用針梳梳理毛皮以去除壞死的外層絨毛。你在這個步驟去除的毛愈多，你待會兒要洗、要吹乾的毛就愈少。

2. 用耳朵清潔劑清理耳朵。以棉球沾耳朵清潔劑，清除兩耳耳道內累積的髒汙與耳垢。

3. 以圓洞式指甲剪修剪指甲。指甲應該每個月進行修剪。

4. 檢查肉球之間是否有黏附異物或髒汙。用10號刀頭修剪腳掌下與腳趾間的毛。

5. 以中性偏鹼的無刺激蛋白洗毛精幫犬隻洗澡，豐潤並修復受損毛皮。

6. 在犬隻離開浴缸前，用吹水機吹掉犬隻身上多餘的水分。這能加快乾燥時間並避免毛皮過度乾燥。用吹風機和柄梳吹乾並去除廢毛。

7. 刷犬隻全身的毛皮，務必要讓刷子接觸到皮膚，用吹風機吹開毛並塑型。再用梳子梳理犬隻全身的毛皮，耳朵後方較軟的毛要用細齒梳梳理。

8. 用10號刀頭修剪肛門附近的毛。這個區域只要清理乾淨就好，力道不要太大。剪掉尾巴下方可能會因碰到肛門而變髒的長毛。

9. 用10號刀頭剃掉腹部的毛，順著毛生長的方向剃。

10. 用10號刀頭修剪頭部與吻部，從額頭到頭部的根部。

11. 用10號刀頭剃毛頰部到耳朵的外角。剃掉下

下巴區域——下巴與喉部——的毛，至胸骨上方 1 到 2 英吋（2.5 到 5 公分）的位置。到未修剪的裙襬狀毛要逐漸收窄。循著毛的紋理在兩耳之間做出一個深 U 字型出來。如果清理嘴唇有困難的話，小心地稍稍逆著紋理拉扯皮膚。胸部的毛應該維持完整以呈現其深度。

12. 用 10 號刀頭修剪耳朵正面與背面的毛至耳垂往下三分之一處。耳朵的毛應該要長：不要剪短！用剪刀修剪下方不平的地方就好了。耳朵底部的邊緣應該要是彎曲的，而不是方型的。【注意：三分之一指的是整個耳朵的三分之一，包括羽狀毛。】

13. 用 7 號 F 刀頭修剪犬隻的身體部位。要用哪種刀頭取決於該犬種毛皮的類型與皮膚的敏感度。從頭顱根部修剪到尾巴的末端（根據毛皮的類型，可以將 7 號 F 刀頭替換成 7 號、9 號或 10 號）。修剪身體的兩側，從頸部兩側到前腿的肩關節，再到後肢的大腿。從側面看，你應該已經將犬隻前肘到尾巴下方 1 英吋（2.5 公分）的區域層次打理完畢了。不要修剪毛皮自然下垂的區域。依照身體的輪廓，循著毛皮生長的方向操作理毛剪。不要逆著或橫過紋理。在欲修剪區域快剪完了的時候稍微抬起理毛剪，以便將修剪區域層次融入裙襬狀毛和腿部的不修剪區。為此，需要像是將理毛剪的末端當作鏟子一般稍微扭動手腕。將修剪過後的區域融入鄰近的區域，不要留下不平整的線條或是隆起。

14. 用 7 號 F 刀頭修剪尾巴。記得循著紋理——毛生長的方向——修剪，不要逆著修剪。為了避免刺激到犬隻，在處理尾巴下方的區域時力道務必放輕。將尾巴下方區域的層次融入裙襬狀毛的區域。

15. 用打薄剪調整犬隻腿部的線條，使其勻稱且向下收窄。散亂的毛要全部剪掉，多餘的羽狀毛也要打薄並剪短，尤其是跗關節到腳這一塊。

16. 用打薄剪將剃過區域與未剃過區域的不均勻線條融合在一起。

17. 腳應該要整潔、呈圓型，並融入腿部的層次。

18. 用塗上蛋白質護毛素的豬鬃毛刷刷犬隻的毛皮以增添光澤與香味。

#10 →

#7 →

英國玩賞小獵犬

工具與設備

- 棉球
- 耳朵清潔劑
- 耳鉗
- 除淚痕液
- 吹水機
- 藥用耳粉
- 指甲剪
- OSter A-5 理毛剪／10 號刀頭
- 蛋白質護毛素
- 豬鬃毛刷
- 剪刀
- 乳液
- 針梳（軟式）
- 鋼梳（寬齒／粗齒）
- 無刺激蛋白洗毛精
- 打薄剪

美容程序

1. 將蛋白質護毛素噴灑於犬隻全身的毛皮，強健毛皮並修復分叉。用軟式針梳梳理犬隻全身的毛皮。

2. 用沾有清潔劑的棉球擦拭耳朵，去除污垢與異味。用乾棉球擦拭耳朵，再灑上藥用耳粉。用手指或耳鉗拔除耳朵內壞死的毛。

3. 用沾了水的棉球擦拭眼角。用沾了除淚痕液的棉球清潔眼睛下方與眼睛周圍的髒汙。

4. 以圓洞式指甲剪修剪指甲。指甲應該每個月進行修剪。

5. 檢查腳掌間與腳底下有沒有殘渣或髒汙。用剪刀將腳掌下方的毛修齊以避免碎屑沾黏。用打薄剪修剪腳掌周圍會接觸地面的毛或是生長於腳趾之間的毛。

6. 用 10 號刀頭修剪肛門附近的毛。這個區域只要清理乾淨就好，力道不要太大。剪掉尾巴下方可能會因碰到肛門而變髒的長毛。

7. 用 10 號刀頭剃掉腹部的毛，順著毛生長的方向剃。

8. 中性偏鹼的無刺激蛋白洗毛精幫犬隻洗澡，豐潤並修復受損毛皮。純色的犬隻（要參展的）不要在參展前一天洗澡；相對的，要提前幾天洗，讓毛皮自然產生油脂和光澤。

9. 在犬隻離開浴缸前，用吹水機吹掉犬隻身上多餘的水分。這能加快乾燥時間並避免毛皮過度乾燥。用烘毛籠將犬隻的毛皮烘至半乾。再將犬隻放至美容桌上，用吹風機和柄梳吹開毛皮並去除廢毛。將細齒的鋼梳抵到皮膚再進行梳理來將犬毛分開。

10. 用打薄剪將厚重的區域打薄，並去除散亂的毛，賦予犬隻猶如精雕細琢般的外觀。

11. 鬍鬚可以用剪刀剪掉以強調表情。（可剪可不剪）

12. 用塗上蛋白質護毛素的豬鬃毛刷刷犬隻的毛皮以增添光澤與香味。要參展的犬隻不能剪。

【注意：在英國，這個犬種被稱為是查理斯王小獵犬。】

美容程序

1. 以豬鬃梳長長的刷毛用力刷犬隻的毛皮。

2. 以藥用耳粉清潔耳朵。

3. 用沾了除淚痕液的棉球清潔眼睛周遭。

4. 以指甲剪剪去指甲的尖端，小心不要剪到肉。

5. 用剪刀修剪吻部、下巴、臉頰兩側與眼睛上方的毛。【注意：要不要修剪這些毛由飼主決定。】

6. 為防止水分進入耳道，先將棉球塞入耳朵中再幫犬隻洗澡。以烘毛籠烘乾毛皮。

7. 將些許羊毛脂護毛劑擠到手上，搓揉後塗抹於犬隻毛皮上。

8. 用豬鬃梳塗開護毛劑，然後用麂皮布輕輕擦拭毛皮，這能讓毛皮煥發光澤。

英國玩賞㹴（黑褐色）應該每八週到十週進行一次美容。耳朵應該每週檢查一次，必要時進行清潔。每月檢查一次指甲，必要時進行修剪。

英國玩賞㹴（黑褐色）

工具與設備

- 麂皮布
- 棉球
- 眼藥水（除淚痕液）
- 羊毛脂護毛劑
- 藥用耳粉
- 指甲剪
- 剪刀
- 豬鬃梳

美國
愛斯基摩犬

工具與設備

- 棉球
- 眼藥水（除淚痕液）
- 開結梳
- 藥用耳粉
- 排梳（寬齒）
- 廢毛梳
- 指甲剪
- 剪刀
- 針梳
- 打薄剪

美容程序

1. 從頭部開始，以針梳梳理犬隻全身與尾巴的毛皮。

2. 用廢毛梳溫柔地耙梳毛皮。在非換毛的季節，不要把底層絨毛耙掉；只要用廢毛梳或開結梳梳開糾結的毛即可。

3. 以藥用耳粉清潔耳朵，輕輕拔除耳朵內的雜毛。

4. 用棉球沾眼藥水清潔眼睛部位。有些眼藥水還能去除眼睛週遭的淚痕。

5. 以指甲剪剪去指甲的尖端，小心不要剪到肉。

6. 用剪刀修剪吻部、下巴、臉頰兩側與眼睛上方的毛。【注意：要不要修剪這些毛由飼主決定。】

7. 為防止水分進入耳道，先將棉球塞入耳朵中再幫犬隻洗澡。用烘毛籠烘乾或是用吹風機吹蓬犬隻。

8. 用剪刀剪去肉球與腳趾間的毛，以及腳邊緣的毛來呈現出整潔的樣子。

9. 用打薄剪將飛節到後腿的雜毛去除。前腳的腳踝也比照辦理。

10. 梳理、刷犬隻全身的毛皮。

　　美國愛斯基摩犬應該每十週到十二週進行一次美容。飼主日常的梳理有助於維持毛皮健康並避免底層絨毛打結。耳朵應該每週檢查一次，必要時進行清潔。

美容程序

1. 用針梳梳理犬隻全身的毛皮，用開結梳或廢毛梳去除打結或糾纏的毛。
2. 徹底梳理毛皮以去除廢毛。
3. 以藥用耳粉清潔耳朵，輕輕拔除耳朵內的雜毛但不要拔到外面有保護作用的毛。
4. 用沾了除淚痕液的棉球清潔眼睛周遭。
5. 以指甲剪剪去指甲的尖端，小心不要剪到肉。
6. 用沾濕的棉球清理嘴唇內側，去除卡住的食物殘渣。
7. 用剪刀修剪吻部、下巴、臉頰兩側與眼睛上方的毛。【注意：如果不是參展犬的話，要不要修剪這些毛由飼主決定。】
8. 為防止水分進入耳道，先將棉球塞入耳朵中再幫犬隻洗澡。用烘毛籠烘乾或是用吹風機吹蓬犬隻。
9. 用剪刀修剪腳掌肉球之間、腳趾之間以及周遭的毛。
10. 用剪刀剪去肉球與腳趾間的毛，以及腳邊緣的毛來呈現出整潔的樣子。
11. 梳理、刷犬隻全身的毛皮。

　　埃什特雷拉山犬應該每十週到十二週進行一次美容。耳朵應該每週檢查一次，必要時進行清潔。

埃什特雷拉山犬

工具與設備

- 棉球
- 眼藥水（除淚痕液）
- 開結梳
- 藥用耳粉
- 排梳（寬齒）
- 廢毛梳
- 指甲剪
- 剪刀
- 針梳
- 打薄剪

田野獵犬

工具與設備

- 魚骨剪
- 梳子
- 棉球
- 耳朵清潔劑
- 指甲剪（圓洞式或剪刀式）
- Oster A-5 理毛剪／10號、15號刀頭
- 洗毛精（泛用型或深毛色犬種用）
- 針梳
- 直式剪刀
- 止血粉

美容程序

1. 修剪指甲，只剪去最前端的部分；要避免剪到肉。如果流血了，用止血粉來止血。粗糙的部分用銼刀打磨圓滑。

2. 用耳朵清潔劑清理耳朵。以棉球沾耳朵清潔劑，清除兩耳累積的髒汙與耳垢。

3. 用 15 號刀頭去除生長於肉球間與腳掌下的毛。

4. 用 10 號刀頭，循著毛生長的方向修剪腹部的毛（從腹股溝到肚臍）。

5. 刷犬隻全身的毛皮，去除糾結或壞死的毛皮。

6. 以你所選擇的洗毛精為犬隻洗澡。徹底沖洗乾淨。洗澡後的潤絲可以去除靜電並使毛皮平貼。

7. 用毛巾擦乾，再一邊梳理毛皮，一邊用一般的吹風機吹乾。梳理的時候要循著毛生長的方向梳。此舉有助於使毛伏貼。

8. 用魚骨剪去除腳趾間與腳掌上的毛，讓犬隻的腳能有乾淨、整齊的外觀。

9. 用魚骨剪去除面部與吻部的「絨毛」。

10. 用 10 號刀頭去除耳朵頂部三分之一耳瓣內外側的毛。耳朵前面的毛也應予修剪，以使空氣能於耳道中流通。用魚骨剪，融合從頭部開始的耳朵頂端線條。修剪的痕跡不能被看出來。頭部的頂端也可以融合層次，使頭部呈現圓滑的外觀。

11. 去除跗關節後方多餘的毛。

12. 去除突出於輪廓、使外觀不均勻的雜亂的毛。

美容完成的田野獵犬應該俐落卻又呈現出乾淨而自然的外觀。每八到十週就應該美容一次。

美容程序

1. 從頭部開始，刷理犬隻全身的毛皮。
2. 用廢毛梳溫柔地把梳毛皮。在非換毛的季節，不要把底層絨毛耙掉；只要用廢毛梳或開結梳梳開糾結的毛即可。
3. 以藥用耳粉清潔耳朵，輕輕拔除耳朵內的雜毛。
4. 用棉球沾眼藥水清潔眼睛部位。有些眼藥水還能去除眼睛週遭的淚痕。
5. 以指甲剪剪去指甲的尖端，小心不要剪到肉。
6. 用剪刀修剪吻部、下巴、臉頰兩側與眼睛上方的毛。【注意：要不要修剪這些毛由飼主決定。】
7. 為防止水分進入耳道，先將棉球塞入耳朵中再幫犬隻洗澡。用烘毛籠烘乾或吹蓬。（如果底層絨毛很厚重的話，吹蓬會是個比較好的選擇。）
8. 用剪刀剪去肉球與腳趾間的毛，以及腳邊緣的毛來呈現出整潔的樣子。
9. 用打薄剪將飛節到後腿的雜毛去除。
10. 刷、梳理犬隻全身的毛皮。

　　芬蘭獵犬應該每八週到十週進行一次美容。飼主日常的梳理有助於維持毛皮健康並避免底層絨毛打結。耳朵應該每週檢查一次，必要時進行清潔。每月檢查一次指甲，必要時進行修剪。這個犬種耳朵毛有天然的保護作用，所以不要去動它；然而，若是基於衛生要求，耳朵的毛還是可以剪的。

芬蘭獵犬

工具與設備

- 棉球
- 眼藥水（除淚痕液）
- 開結梳
- 藥用耳粉
- 排梳（寬齒）
- 廢毛梳
- 指甲剪
- 剪刀
- 針梳
- 打薄剪

平毛
尋回犬

工具與設備

- 魚骨剪
- 梳子
- 棉球
- 耳朵清潔劑
- 指甲剪（圓洞式或剪刀式）
- 洗毛精（泛用型或修護型）
- 針梳
- 直式剪刀
- 止血粉

美容程序

1. 修剪指甲，只剪去最前端的部分；要避免剪到肉。如果流血了，用止血粉來止血。粗糙的部分用銼刀打磨圓滑。

2. 用耳朵清潔劑清理耳朵。以棉球沾耳朵清潔劑，清除兩耳累積的髒汙與耳垢。

3. 刷犬隻全身的毛皮，去除糾結或壞死的毛皮。

4. 以你所選擇的洗毛精為犬隻洗澡。徹底沖洗乾淨。洗澡後的潤絲可以去除靜電並使毛皮亮澤。

5. 用毛巾擦乾犬隻，再以吹風機完成乾燥程序。在吹乾的同時順著毛生長的方向刷毛可以讓毛皮柔順服貼。吹乾之後，徹底梳理犬隻的毛皮以去除糾結。

6. 以直式剪刀修剪腳底與肉球間的毛。去除腳掌外緣的毛使腳部圓滑。用魚骨剪去除腳趾之間與腳掌上的毛。

7. 耳瓣正下方的毛可以予以打薄使耳朵更貼近頭部。耳朵的輪廓應該用魚骨剪進行整理。

8. 去除跗關節後方多餘的毛。

9. 尾巴也可以進行修剪。它應該作為背部頂端線條的延伸。在犬隻放鬆的時候，尾巴的末端應該要能碰到飛節，但不能再更長了。

這個犬種不應該過度美容，只要維持其自然的樣貌即可。每八到十二週美容一次即可。

美容程序

1. 用豬鬃梳刷犬隻全身的毛皮。
2. 以藥用耳粉清潔耳朵。
3. 用棉球沾眼藥水清潔眼睛部位。有些眼藥水還能去除眼睛週遭的淚痕。
4. 以指甲剪剪去指甲的尖端，小心不要剪到肉。
5. 用剪刀修剪吻部、下巴、臉頰兩側與眼睛上方的毛。【注意：要不要修剪這些毛由飼主決定。】
6. 為防止水分進入耳道，先將棉球塞入耳朵中再幫犬隻洗澡，毛皮白色的區域要特別留心。用烘毛籠烘乾。
7. 將些許羊毛脂護毛劑擠到手上，搓揉後塗抹於犬隻毛皮上。
8. 用豬鬃梳塗開護毛劑，然後用麂皮布輕輕擦拭毛皮，這能讓毛皮煥發光澤。

　　美國獵狐犬每三到四個月會需要洗一次澡。飼主日常的梳理有助於維持毛皮的健康與亮澤。耳朵應該每週檢查一次，必要時進行清潔。每月檢查一次指甲，必要時進行修剪。

美國獵狐犬

工具與設備

- 麂皮布
- 棉球
- 眼藥水（除淚痕液）
- 羊毛脂護毛劑
- 藥用耳粉
- 指甲剪
- 剪刀
- 豬鬃梳

英國
獵狐犬

工具與設備

- 麂皮布
- 棉球
- 眼藥水（除淚痕液）
- 羊毛脂護毛劑
- 藥用耳粉
- 指甲剪
- 剪刀
- 豬鬃梳

美容程序

1. 用豬鬃梳刷犬隻全身的毛皮。
2. 以藥用耳粉清潔耳朵。
3. 用棉球沾眼藥水清潔眼睛部位。有些眼藥水還能去除眼睛週遭的淚痕。
4. 以指甲剪剪去指甲的尖端，小心不要剪到肉。
5. 用剪刀修剪吻部、下巴、臉頰兩側與眼睛上方的毛。【注意：要不要修剪這些毛由飼主決定──如果不是參展犬的話。】
6. 為防止水分進入耳道，先將棉球塞入耳朵中再幫犬隻洗澡，毛皮白色的區域要特別留心。用烘毛籠烘乾。
7. 將些許羊毛脂護毛劑擠到手上，搓揉後塗抹於犬隻毛皮上。
8. 用豬鬃梳塗開護毛劑，然後用麂皮布輕輕擦拭毛皮，這能讓毛皮煥發光澤。

　　英國獵狐犬每三到四個月會需要洗一次澡。飼主日常的梳理有助於維持毛皮的健康與亮澤。耳朵應該每週檢查一次，必要時進行清潔。每月檢查一次指甲，必要時進行修剪。

美容程序

1. 先用豬鬃毛刷刷犬隻全身的毛皮，再用澡刷刷。

2. 用沾有清潔劑的棉球擦拭耳朵，去除污垢與異味。用乾棉球擦拭耳朵，再灑上藥用耳粉。

3. 以圓洞式指甲剪修剪指甲。指甲應該每個月進行修剪。

4. 檢查肉球之間有沒有雜毛、髒汙。

5. 以中性偏鹼的無刺激蛋白洗毛精幫犬隻洗澡，豐潤並修復受損毛皮。

6. 以烘毛籠將犬隻的毛皮烘至半乾。將犬隻放至美容桌上，以吹風機與豬鬃毛刷完成乾燥程序。

7. 可以用剪刀剪去鬍鬚來強調表情。（可剪可不剪）

8. 用剪刀修剪耳朵邊緣雜亂的毛。

9. 將會破壞整體外觀的毛弄順。用細齒的刮刀去除粗糙的隆起，並使毛皮能平貼皮膚。

10. 修剪腳掌周圍看起來過長的毛。腳掌看起來應該要結實、整潔。

11. 最後以貂油來製造亮麗的光澤，再用豬鬃毛刷將貂油刷進毛皮裡。

工具與設備

- 棉球
- 耳朵清潔劑
- 藥用耳粉
- 貂油
- 指甲剪
- 豬鬃毛刷
- 澡刷
- 剪刀
- 刮刀（密齒）
- 無刺激蛋白洗毛精
- 打薄剪

捲毛
獵狐㹴

工具與設備

- 棉球
- 眼藥水（除淚痕液）
- 藥用耳粉
- 排梳（疏齒）
- 指甲剪
- Oster A-5 理毛剪／8號半（或7號或5號）、10號刀頭
- 剪刀
- 針梳
- 打薄剪

美容程序

1. 以針梳梳理犬隻全身的毛皮。再以排梳梳理，糾結的地方要格外留心。

2. 以藥用耳粉清潔耳朵，輕輕拔除耳朵內的雜毛。

3. 用棉球沾眼藥水清潔眼睛部位。有些眼藥水還能去除眼睛週遭的淚痕。

4. 以指甲剪剪去指甲的尖端，小心不要剪到肉。

5. 剃去肛門部位的毛，小心別讓刀頭直接碰到皮膚（距離1／2英吋，1公分）。

6. 剃掉從腹股溝到肚臍再到大腿內側的毛。

7. 用10號刀頭剃頭部的毛，從眉毛中心開始到頭骨的根部，再從眉毛中心到外眼角。這條線應該在眼睛內角上方約3／4英吋（2公分）處，並應該逐漸縮小到外眼角，從而形成一個三角形。接下來，從外眼角往下剃到距嘴角3／4英吋（2公分）的距離，並繼續穿過下巴下方的這條線。

8. 剃耳朵的兩側，從耳朵的後方斜下剃到喉部的底端，從而形成一個V字型。

9. 用 Oster A-5 理毛剪搭配8號半或7號或5號刀頭（依照所需的毛皮長度），從頭骨根部開始，向後刮到尾巴根部。

10. 修剪尾巴的上半部分，將層次融合入任一側的底部邊緣。往下梳理邊緣的部分，修剪下方的邊緣，使其形成羽毛狀。

11. 用理毛剪修剪頸部側邊到肩部，再向下修剪到肘部。

12. 修剪胸部到胸骨的部分，沿著對角線斜向下修剪到腿部中央前方。

13. 從背上的修剪線開始，剪到腹側，使紋理在臀部形成一個拱形。（從側面看，這個線條應該從胸骨沿斜對角斜穿過前腿的頂端，再

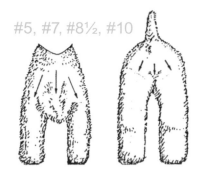

#5, #7, #8½, #10

向上斜穿過腹部，在臀部上方形成拱形，然後向下到後方的一點。）

14. 仔細地梳理皮毛以去除廢毛。

15. 為防止水分進入耳道，先將棉球塞入耳朵中再幫犬隻洗澡。以烘毛籠烘乾毛皮。

16. 徹底梳理犬隻全身的毛皮。

17. 用先前使用的 Oster A-5 理毛剪所搭配的同個刀頭，重覆紋理的步驟，將紋理中的層次融合在一起。

18. 以剪刀修剪耳朵的邊緣。

19. 將眉毛往前梳，用剪刀在中央剪成一個 V 字型。

20. 將臉部和眉毛的毛向前、向下梳。用剪刀從鼻子底部以一定角度對準外眼角，以這個角度修剪眉毛，形成一個三角形。注意別剪掉吻部的毛。

21. 輕輕剪去鬍鬚邊緣和側邊的雜毛。用打薄剪來形塑鬍鬚的部分，它應該要是長桶狀的。

22. 用打薄剪修剪吻部上方的雜毛。

23. 用剪刀剪去肉球與腳趾間以及腳邊緣的毛；在犬隻站立的時候，以剪刀修剪腳部邊緣使其看起來整潔。（在開始的時候這麼做可以製造出形塑腿部線條的參考線。）

24. 修剪前腳，使其呈筆直圓筒狀。

25. 將胸部邊緣的毛修剪均勻。

26. 沿著犬隻身體的邊緣修剪腹部，讓前腳的肘部到側腹呈現出修長的感覺。

27. 依照自然的輪廓修剪後腿。從後方看，兩隻後腿的外側應該要是直的。內側也要維持筆直，到大腿的地方要呈現拱型接到剃出的線條。

28. 輕輕梳理腿部、輪廓和面部，去除多餘的毛，視需求修剪雜毛。

#10 →

#5 →
#7
#8½

　　捲毛獵狐㹴每六到八週就應該美容一次。耳朵則需要每週檢查一次，在必要時進行清潔，指甲在美容時一併檢查與修剪。

法國鬥牛犬

工具與設備

- 棉球
- 耳朵清潔劑
- 梳毛手套
- 指甲剪（圓洞式或剪刀式）
- 橡膠刷
- 洗毛精（泛用型或亮白型）
- 直式剪刀
- 止血粉

美容程序

1. 修剪指甲，只剪去最前端的部分；要避免剪到肉。如果流血了，用止血粉來止血。粗糙的部分用銼刀打磨圓滑。

2. 用耳朵清潔劑清理耳朵。以棉球沾耳朵清潔劑，清除兩耳累積的髒汙與耳垢。

3. 用你所選擇的洗毛精幫犬隻洗澡。你可以用橡膠刷在犬隻身上搓揉出泡沫，此舉能夠同時去除壞死的毛髮。要特別留心面部、腿部和身體週遭的皮膚皺褶。徹底沖洗乾淨。

4. 用毛巾初步擦乾犬隻的身體，再用吹風機吹乾。法式鬥牛犬可以使用烘毛籠。

5. 用梳毛手套梳理犬隻的身體，去除殘留的壞死毛髮，並有助維持毛皮柔順。

6. 用直式剪刀修剪耳朵邊緣的毛。鬍鬚與眉毛可以視需求修剪。

法式鬥牛犬每八到十二週就應該美容一次。

美容程序

1. 從頭部開始，以針梳梳理犬隻全身與尾巴的毛皮。

2. 在換毛的季節，使用蛻毛刀（從後而前）蛻毛並用廢毛梳去除底層絨毛（像是頸部、胸部、大腿）的打結處。

3. 以藥用耳粉清潔耳朵，輕輕拔除耳朵內的雜毛。

4. 用棉球沾眼藥水清潔眼睛部位。有些眼藥水還能去除眼睛週遭的淚痕。

5. 以大型指甲剪剪去指甲的尖端，小心不要剪到肉。

6. 用剪刀修剪吻部、下巴、臉頰兩側與眼睛上方的毛。【注意：要不要修剪這些毛由飼主決定。】

7. 為防止水分進入耳道，先將棉球塞入耳朵中再幫犬隻洗澡。洗完澡後，以烘毛籠烘乾犬隻的毛皮。

8. 以針梳迅速梳理毛皮，再用排梳梳掉廢毛。

9. 用剪刀剪去肉球與腳趾間的毛，以及腳邊緣的毛來呈現出整潔的樣子。

　　德國牧羊犬應該每八週到十週進行一次美容。飼主日常的梳理有助於維持毛皮健康並避免底層絨毛打結。耳朵應該每週檢查一次，必要時進行清潔。

德國牧羊犬

工具與設備

- 棉球
- 眼藥水（除淚痕液）
- 藥用耳粉
- 排梳（大齒）
- 廢毛梳（大齒）
- 指甲剪（大型）
- 剪刀
- 蛻毛刀
- 針梳

德國短毛
指示犬

工具與設備

- 棉球
- 耳朵清潔劑
- 梳毛手套
- 指甲剪（圓洞式或剪刀式）
- 橡膠刷
- 洗毛精（泛用型）
- 護毛噴劑或亮毛噴劑
- 止血粉

美容程序

1. 修剪指甲，只剪去最前端的部分；要避免剪到肉。如果流血了，用止血粉來止血。粗糙的部分用銼刀打磨圓滑。

2. 用耳朵清潔劑清理耳朵。以棉球沾耳朵清潔劑，清除兩耳累積的髒汙與耳垢。

3. 用你所選擇的洗毛精幫犬隻洗澡。你可以用橡膠刷在犬隻身上搓揉出泡沫，此舉能夠同時去除壞死的毛髮。要特別留心面部、腿部和身體週遭的皮膚皺褶。徹底沖洗乾淨。

4. 用毛巾初步擦乾犬隻的身體，再用烘毛籠完成乾燥程序。

5. 犬隻完全乾燥後，以柔軟的豬鬃毛刷或梳毛手套去除仍殘留的壞死毛皮。此舉也能使毛皮柔順服貼。

6. 在毛皮上噴灑一些護毛劑或亮毛噴劑，用乾淨的乾布擦亮。

德國短毛指示犬每十二週就應該美容一次。

美容程序

1. 從頭部開始，以針梳梳理犬隻全身與尾巴的毛皮。

2. 用廢毛梳溫柔地把梳毛皮。但在非換毛的季節就別把底層絨毛耙出來了；只要用廢毛梳或開結梳梳開打結的地方就好了。徹底梳理毛皮以去除鬆散的毛。

3. 以藥用耳粉清潔耳朵。

4. 用棉球沾眼藥水清潔眼睛部位。有些眼藥水還能去除眼睛週遭的淚痕。

5. 以指甲剪剪去指甲的尖端，小心不要剪到肉。

6. 用剪刀修剪吻部、下巴、臉頰兩側與眼睛上方的毛。【注意：要不要修剪這些毛由飼主決定。】

7. 為防止水分進入耳道，先將棉球塞入耳朵中再幫犬隻洗澡。用烘毛籠烘乾或吹蓬。（如果底層絨毛很厚重的話，吹蓬會是個比較好的選擇。）

8. 用剪刀剪去肉球與腳趾間的毛，以及腳邊緣的毛來呈現出整潔的樣子。

9. 用打薄剪將飛節到後腿的雜毛去除。

10. 刷、梳理犬隻全身的毛皮。

　　德國絨毛犬應該每八週到十週進行一次美容。飼主日常的梳理有助於維持毛皮健康並避免底層絨毛打結。耳朵應該每週檢查一次，必要時進行清潔。每月檢查一次指甲，必要時進行修剪。

德國絨毛犬

工具與設備

- 棉球
- 眼藥水（除淚痕液）
- 開結梳
- 藥用耳粉
- 排梳（大齒）
- 廢毛梳
- 指甲剪
- 剪刀
- 針梳
- 打薄剪

德國剛毛
指示犬

工具與設備

- 梳子
- 棉球
- 耳朵清潔劑
- 指甲剪（圓洞式或剪刀式）
- Oster A-5 理毛剪／7號刀頭
- 洗毛精（泛用型或增蓬型）
- 針梳
- 直式剪刀
- 刮刀
- 止血粉

美容程序

1. 修剪指甲，只剪去最前端的部分；要避免剪到肉。如果流血了，用止血粉來止血。粗糙的部分用銼刀打磨圓滑。

2. 用耳朵清潔劑清理耳朵。以棉球沾耳朵清潔劑，清除兩耳累積的髒汙與耳垢。

3. 梳理犬隻全身的毛皮以去除壞死的毛皮與累積的髒汙。

4. 搭配使用刮刀將毛皮拔至 1.5 英吋（4 公分）左右的長度。臉頰、耳朵和頭頂的毛皮應該拔至小於 1.5 英吋（4 公分）的長度，以保持柔順的外觀。鬍鬚跟眉毛留著別棟，眉毛要比內眼角長一點，並向外眼角的方向逐漸變細。身體部位的長毛要拔掉，頸部、肩部等區域的毛要比下半身的毛略短，以加長頸部視覺上的長度。除了前腿後方的羽狀毛外，腿上的長毛都要拔掉。要修剪成毛較短的寵物造型的話，用搭配 7 號刀頭的理毛剪修剪頭頂、臉頰與耳朵的毛，然後繼續沿著喉部與頸部到背部再到尾巴。修剪兩側到肋骨的地方，但胸骨的地方要留下一些毛，以突出胸部的深度。修剪的線條要剪成羽毛狀或是融合層次，這樣修剪與未修剪區域的線條才不會被看出來。尾巴的上方與下方也都可以進行修剪。

5. 用直式剪刀剪短肉球之間的毛。腳趾間的毛也要剪短。

6. 用你所選擇的洗毛精幫犬隻洗澡。

7. 用毛巾將犬隻的身體擦至半乾。順著毛生長的方向將犬隻的毛皮梳平。如果天氣夠暖和的話，讓犬隻自然風乾毛皮；若否，用烘毛籠完成乾燥的程序。

8. 犬隻的身體完全乾燥後，再重新處理一次毛皮，去除突出的毛。

　　德國剛毛指示犬應該每八到十二週打理一次外觀並進行美容。

美容程序

1. 以針梳梳理犬隻全身的毛皮。再用排梳徹底梳理一次。

2. 以針梳梳理犬隻全身的毛皮。再用排梳徹底梳理一次。

3. 用棉球沾眼藥水清潔眼睛部位。有些眼藥水還能去除眼睛週遭的淚痕。

4. 以指甲剪剪去指甲的尖端，小心不要剪到肉。

5. 用 10 號刀頭剃頭部的毛，從眉毛中心開始到頭骨的根部，再從眉毛中心到外眼角。這條線應該在眼睛內角上方約 3 ／ 4 英吋（2 公分）處，並應該逐漸縮小到外眼角，從而形成一個三角形。接下來，從外眼角往下剃到距嘴角 3 ／ 4 英吋（2公分）的距離，並繼續穿過下巴下方的這條線。
   【注意：刮頭部與面部的毛時，要順著毛的紋理剃。】

6. 剃耳朵的兩側，從耳朵的後方斜下剃到喉部的底端，從而形成一個 V 字型。順著頸部毛的紋理剃。

7. 剃去肛門部位的毛，小心別讓刀頭直接碰到皮膚（距離 1 ／ 2 英吋，1 公分）。

8. 剃腹部區域的毛，從腹股溝刮到肚臍下方再到大腿內側。

9. 使用 Oster A-5 理毛剪的 8 號半、7 號或 5 號刀頭（取決於所需的毛皮長度），從頭顱底部修剪到尾巴根部。

10. 修剪尾巴。

11. 用理毛剪修剪從頸部經肩部到肘部的毛。

12. 斜向下修剪胸部到胸骨，到雙腳中央前方。

13. 從背部下方的修剪痕跡繼續，修剪腹部兩側到脅腹。再從脅腹修剪到飛節。

14. 繼續修剪下半身。（從側面看，修剪的線條應該從胸骨斜向下，穿過前腿的上方，向上傾斜穿過腹部，然後斜向下到飛節，從而在後腿形成一個大 V 字型。）

巨型
雪納瑞犬

工具與設備

- 棉球
- 眼藥水（除淚痕液）
- 藥用耳粉
- 排梳（疏齒）
- 指甲剪（大型）
- Oster A-5 理毛剪／7 號、8 號半、10 號刀頭
- 剪刀
- 針梳

15. 仔細地梳理皮毛以去除廢毛。

16. 為防止水分進入耳道，先將棉球塞入耳朵中再幫犬隻洗澡。以烘毛籠烘乾毛皮。

17. 徹底梳理犬隻全身的毛皮。

18. 用先前使用的 Oster A-5 理毛剪所搭配的同個刀頭，重覆紋理的步驟，將紋理中的層次融合在一起。

19. 以剪刀修剪耳朵的邊緣。

20. 將眉毛往前梳，用剪刀在中央剪成一個 V 字型。

21. 從吻部中心往下梳。修剪邊緣並逐漸收窄到外眼角。

22. 將臉部和眉毛的毛向前、向下梳。用剪刀從鼻子底部以一定角度對準外眼角，以這個角度修剪眉毛，形成一個三角形。注意別剪掉吻部的毛。

23. 用剪刀剪去肉球與腳趾間以及腳邊緣的毛；在犬隻站立的時候，以剪刀修剪腳部邊緣使其看起來整潔。（在開始的時候這麼做可以製造出形塑腿部線條的參考線。）

24. 修剪前腳，使其呈筆直圓筒狀。

25. 將胸部邊緣的毛修剪均勻。

26. 修剪腹部的邊緣，隨著犬隻身體的輪廓，從前腿的肘部到下半身的脅腹逐漸收窄。

27. 按照自然輪廓修剪後腿。後腿內側到飛節都應該呈筆直，並逐漸收窄到剃毛的線條。

美容程序

1. 以針梳徹底梳理犬隻的毛皮。
2. 梳理犬隻的毛皮以去除所有鬆散的毛。
3. 以藥用耳粉清潔耳朵，輕輕拔除耳朵內的雜毛。
4. 用棉球沾眼藥水清潔眼睛部位。
5. 以指甲剪剪去指甲的尖端，小心不要剪到肉。
6. 用 10 號刀頭剃腹部區域的毛，從腹股溝剃到肚臍下方再到大腿內側。
7. 剃去肛門部位的毛，小心別讓刀頭直接碰到皮膚（距離 1 ／ 2 英吋，1 公分）。
8. 為防止水分進入耳道，先將棉球塞入耳朵中再幫犬隻洗澡。用烘毛籠烘乾犬隻的毛皮。
9. 為防止水分進入耳道，先將棉球塞入耳朵中再幫犬隻洗澡。用烘毛籠烘乾犬隻的毛皮。
10. 用剪刀剪去肉球與腳趾間的毛，以及腳邊緣的毛來呈現出整潔的樣子。
11. 梳理、刷犬隻全身的毛皮。

　　峽谷㹴應該每八週到十週進行一次美容。耳朵應該每週檢查一次，必要時進行清潔。每月檢查一次指甲，必要時進行修剪。

峽谷㹴

工具與設備

· 棉球
· 眼藥水（除淚痕液）
· 藥用耳粉
· 排梳（疏齒）
· 指甲剪
· Oster A-5 理毛剪／10 號刀頭
· 剪刀
· 針梳
· 打薄剪

黃金獵犬

工具與設備

- 魚骨剪
- 梳子
- 棉球
- 耳朵清潔劑
- 指甲剪（圓洞式或剪刀式）
- 洗毛精（泛用型或修護型）
- 針梳
- 直式剪刀
- 止血粉

美容程序

1. 修剪指甲，只剪去最前端的部分；要避免剪到肉。如果流血了，用止血粉來止血。粗糙的部分用銼刀打磨圓滑。

2. 用耳朵清潔劑清理耳朵。以棉球沾耳朵清潔劑，清除兩耳累積的髒汙與耳垢。

3. 為去除壞死毛皮與糾結的毛，以針梳徹底梳理犬隻全身。

4. 以你所選擇的洗毛精為犬隻洗澡並徹底沖洗乾淨。可以用護毛素來減少靜電產生。

5. 以毛巾將犬隻的身體擦乾。順著毛生長方向梳毛的同時用吹風機完成乾燥程序。吹乾之後，徹底梳理毛皮以去除糾結。

6. 用直式剪刀去除腳掌底部和肉球之間的毛。去除腳掌外緣與下方的毛，使腳的形狀圓潤。用魚骨剪，去除腳指之間以及腳掌上方的毛。腳應該要有圓潤、結實的外觀。

7. 去除跗關節後方多餘的毛使毛均勻。

8. 耳瓣正下方的毛可以予以打薄使耳朵更貼近頭部。耳朵的邊緣可以用魚骨剪打理。

9. 耳瓣正下方的毛可以予以打薄使耳朵更貼近頭部。耳朵的邊緣可以用魚骨剪打理。

10. 肛門周圍的毛要小心地去除。

　　美容完畢的黃金獵犬應該要有整潔的外觀，但是不能讓人看出修剪的痕跡。這個犬種應該要呈現出自然的樣貌。每六到八週就應該美容一次。

美容程序

1. 將蛋白質護毛素噴灑於犬隻全身的毛皮，強健毛皮並修復分叉。用柄梳徹底梳理犬隻的毛皮，再用拆結牙梳梳理以去除鬆散、壞死的底層絨毛。用針梳將將打結的地方梳開。

2. 以沾有清潔劑的棉球擦拭耳朵以去除異味，然後用乾棉球擦乾耳朵，再用藥用耳粉擦拭耳朵。

3. 以圓洞式指甲剪修剪指甲。指甲應該每個月進行修剪。

4. 檢查肉球之間是否有黏附異物或髒汙，剪去腳底的毛可以防止碎屑沾黏。用打薄剪修剪會接觸地面的爪子附近或是爪子之間的毛。腳趾間的毛不要動。

5. 剪掉尾巴下方會垂過肛門的長毛。確保肛門乾淨，修剪尾巴下方區域，以避免沾到糞便。

6. 可以用剪刀剪去鬍鬚來強調表情。可剪可不剪。

7. 以中性偏鹼的無刺激蛋白洗毛精幫犬隻洗澡，豐潤並修復受損毛皮。

8. 在犬隻離開浴缸前，用吹水機吹掉犬隻身上多餘的水分。這能加快乾燥時間並避免毛皮過度乾燥。用烘毛籠將毛皮吹至半乾。最後在美容桌上用吹風機和柄梳吹乾並去除廢毛。

9. 重要的是將腿部、尾巴和耳朵的羽狀毛吹乾，使其變直並看起來長長的。在乾燥的過程中，用鋼梳的密齒那一側將毛分開，並使其看起來有奢華感。

10. 面部的多餘毛髮用 10 號刀頭去除。因為下顎應該要有乾淨的輪廓，所以要順著毛的紋理處理。

11. 用 7 號 F 刀頭修剪下巴到喉部、再到胸骨上方約 2 英吋（5 公分）的位置。在欲修剪區域快剪完了的時候稍微抬起理毛剪，以便將修剪區域層次融入裙襬狀毛和腿部的不修剪區。為此，

戈登蹲獵犬

戈登蹲獵犬

需要像是將理毛剪的末端當作銼子一般稍微扭動手腕。將修剪過後的區域融入鄰近的區域，不要留下不平整的線條或是隆起。你修剪的長度取決於你想呈現的頸部長度。循著毛皮生長的方向操作理毛剪。不要逆著或橫過紋理。

12. 清理耳朵周圍和下方的毛。以手腕扭動的方式將頸部側邊，也就是剃毛區域停止的地方的層次融合在一起。只要剃耳朵和頸部下方就好。不要在頸部區域使用剪刀。頸部應該要看起來瘦而修長，但不要看到喉部。用打薄剪將剃毛的區域層次融入長毛的區域。記住要合併使用打薄剪與梳子。打薄剪所指的方向要順著毛生長的方向。打薄、梳理以完成所需要的外觀。不要破壞犬隻毛皮的紋理。

13. 頭部應該要很乾淨，雜亂的毛應該要用刮刀去除掉。不要在頭部使用理毛剪。

14. 握住接近耳朵根部的耳瓣，將其拉伸並用 10 號刀頭修剪耳朵。為了讓耳朵呈現低耳位，請沿著毛生長的方向向下修剪三分之一的毛長。不要沿著耳朵的前緣修剪皺褶，只要修剪皺褶下方就好。向下剃耳朵三分之一的毛長，這個長度包含前方的毛刺。在這個區域的紋理上除去的毛愈多愈好。耳朵內側的剃毛區域必須跟耳朵外側的剃毛區域同高度。用剪刀修剪耳朵的前緣，將短毛的層次融合入長毛中。如果耳朵內側的羽狀毛很多，將其層次混合在一起好讓耳朵貼近頭部。耳朵要長，下方只有在看起來凹凸不平的時候才可以修剪。

15. 如果肩部的毛很多，可以用打薄剪塑造平滑的線條，使頸部到肩部逐漸變寬。

16. 胸毛盡可能留長，只有在胸部不平或不整齊的時候才可以剪短。

17. 身體側邊和身體下方的毛也應該要長而自然。除非這些地方的毛雜亂不堪或是你希望在胸部到腰段處塑造出自然的輪廓，否則不要修剪這裡的毛。

18. 梳理後腿和尾巴下方的羽狀毛，去除雜亂的毛。後腳要修圓，像貓的腳那樣，腳趾之間要留有大量的毛。用打薄剪修剪不符合所需的圓形的多餘的毛或是腳趾之間突出的毛。飛節後方可以打薄來消除過厚的毛，但這個地方不可以被看出有修剪的痕跡。

19. 尾巴的羽狀毛要長且往下梳。為了衛生起見，必須確認尾巴下方的毛（會碰到肛門的那些）都被去除掉。尾巴頂部的雜毛應該要用打薄剪去除。尾巴要逐漸收窄，根部要寬、末端要尖。如果會碰到地面，可以將尾巴多餘的毛去除掉；這能使尾巴的長度與身體的其他部位達成平衡。

20. 依照剛剛修剪後腿的方式修剪前腿，但梳理、修剪羽狀毛使其自然而筆直的線條能融入骹。

21. 在毛皮上噴灑些許的護毛素以增添亮麗的光澤與香氣。

大丹犬

美容程序

1. 用豬鬃梳輕輕刷毛皮。
2. 以藥用耳粉清潔耳朵。
3. 用棉球沾眼藥水清潔眼睛部位。有些眼藥水還能去除眼睛週遭的淚痕。
4. 以指甲剪剪去指甲的尖端，小心不要剪到肉。
5. 用沾濕的棉球清理嘴唇內側，去除卡住的食物殘渣。
6. 用剪刀修剪吻部的鬍鬚、下巴下方、臉部側邊與眼睛上方。【注意：必須先徵求飼主同意才能修剪鬍鬚。】
7. 為防止水分進入耳道，先將棉球塞入耳朵中再幫犬隻洗澡，白色的區域要格外留心。以烘毛籠烘乾犬隻。
8. 將些許羊毛脂護毛劑擠到手上，搓揉後塗抹於犬隻毛皮上。
9. 用豬鬃梳塗開護毛劑，然後用麂皮布輕輕擦拭毛皮，這能讓毛皮煥發光澤。
10. 這種大型犬往往在肘部、腳趾、關節處等地方有禿毛的現象，有時會產生疼痛。在這種情況下，用維他命 E 油按摩這些地方來予以治療。

　　大丹犬不怎麼需要洗澡，每三到四個月只需要洗一次就好。如果飼主能在日常便用豬鬃梳刷毛、每個月用羊毛脂護毛劑護理毛皮，這將有助於犬隻維持健康、亮澤的毛皮。耳朵應該每週檢查一次，必要時進行清潔。每月檢查一次指甲，必要時進行修剪。

美容程序

1. 將蛋白質護毛素全面噴灑在犬隻的毛皮上，可以增進犬隻毛皮生長，同時修護分叉。接著對犬隻的底層絨毛做完整的分層梳理，這樣能使犬隻的毛皮蓬鬆，清潔底層絨毛中隱藏的廢毛。從犬隻的後半身，大約是裙襬狀毛的底部開始美容，以分層的方式，在梳理的同時，用另一隻手將犬隻的毛皮一層一層向上撥開，完成犬隻從後肢到頸部區域的全面梳理。最後用針梳清潔表層毛皮的廢毛。如果犬隻正處於大量換毛的時期，可以使用橡膠材質的拆結牙梳。在這個步驟清除的廢毛愈多，之後清潔美容時要處理與烘乾的毛量就愈少。

2. 將棉球用洗耳液沾濕，擦洗犬隻的耳朵，去除耳朵汙垢，避免發出異味。接著使用乾燥的棉球擦拭，並在犬隻耳朵撒上藥用耳粉。

3. 使用圓洞式指甲剪修剪犬隻的指甲，每個月都應該要修剪一次。

4. 使用沾水濕潤的棉球擦拭犬隻眼角內側，用棉球搭配除淚痕液去除犬隻眼睛周圍的髒汙與淚痕。

5. 使用無刺激蛋白洗毛精清洗犬隻，這類洗毛精一般都是鹼性的，能使毛色更加亮白。

6. 在犬隻還在清洗槽時，使用吹水機把犬隻身上多餘的水分吹除。這能加快烘乾時間並避免毛皮過度乾燥。使用烘毛籠，直到犬隻的毛皮呈現微濕的狀態時，帶出烘毛籠，在美容桌上，以吹風機和柄梳將犬隻的毛流梳順，並梳去廢毛。最後用鋼梳做全面梳理，特別要注意耳部後方的細毛。這些區塊要使用細齒的梳子進行梳理。

大白熊犬

工具與設備

- 棉球
- 洗耳液
- 淚痕清潔液
- 吹水機
- 長毛犬種專用拆結牙梳（#565號）
- 藥用耳粉
- 指甲剪（巨型犬專用）
- Oster A－5電剪／#10號刀頭
- 柄梳
- 蛋白質護毛素
- 純豬鬃毛刷
- 澡刷
- 直式剪刀
- 針梳
- 鋼梳（密齒／疏齒）
- 無刺激蛋白洗毛精
- 打薄剪
- 底層毛梳
- 多功能木梳

大白熊犬

7. 修剪從犬隻尾巴下方延伸到肛門處的長毛，確認肛門周圍乾淨無雜毛。使用 #10 號刀頭電剪電剪修整犬隻尾巴下方的區塊，這樣就不會沾染到穢物。

8. 尾巴根部的毛髮可以使用打薄剪打薄，並剪短背面的毛髮。打薄剪要配合梳子做使用，並順著毛髮生長的方向修剪，避免剪壞毛髮的紋理。以打薄與梳理呈現出理想的毛髮樣式。

9. 使用打薄剪打薄後臀的毛髮，如果犬隻的毛量很豐沛的話，可以將犬隻頭部的毛髮位置作為修剪的基準。

10. 梳理腿部的毛髮，梳齊細毛與飛節的毛髮。

11. 檢查肉球與腳底是否有扎到木刺或沾到柏油等等。將腳底與肉球之間的雜毛修剪乾淨。修剪腳掌周圍會與地面接觸到的毛髮，然後將整個腳部清理乾淨。使用打薄剪修整腳趾間生長的毛髮。

12. 幫犬隻噴上蛋白質護毛素收尾，增加毛皮的光澤與香味。

美容程序

1. 使用純鬃毛刷梳理犬隻的毛皮，接著使用梳毛手套作全面性的梳理。

2. 將棉球用洗耳液沾濕，擦洗犬隻的耳朵，去除耳朵汙垢，避免發出異味。接著使用乾燥的棉球擦拭，並在犬隻耳朵撒上藥用耳粉。

3. 使用圓洞式指甲剪修剪犬隻的指甲，每個月都應該要修剪一次。

4. 檢查肉球與腳底是否有扎到木刺或沾到柏油等等。

5. 使用中性偏鹼的不流淚配方洗毛精清洗犬隻。這類不流淚潔白配方洗毛精，適用於白色或是局部白色的格雷伊獵犬。

6. 使用烘毛籠將犬隻毛皮烘乾到微濕，帶在美容桌上使用吹風機和純鬃毛刷做最後的吹整。

7. 可以修剪犬隻的鬍鬚，讓犬隻的神情更加明顯（非必須）。

8. 使用打薄剪，將犬隻胸部、脖子兩側、大腿背側、臀部提起的部分，或是臉上的雜毛修剪乾淨。

9. 肘關節部的繭，可以塗抹潤膚乳液來軟化與治療。

10. 最後噴上貂油，營造出明亮的光澤感，並用純豬鬃毛刷做全面梳理。

格雷伊獵犬

工具與設備

- 棉球
- 洗耳液
- 藥用耳粉
- 貂油噴霧
- 指甲剪（巨型犬專用）
- 純豬鬃毛刷
- 直式剪刀
- 劍麻梳毛手套
- 潤膚乳液
- 不流淚配方或亮白配方洗毛精
- 打薄剪

哈密爾頓斯多弗爾犬

工具與設備

- 麂皮布
- 棉球
- 眼藥水（除淚痕液）
- 羊毛脂護毛劑
- 藥用耳粉
- 指甲剪
- 直式剪刀
- 豬鬃梳

美容程序

1. 使用豬鬃梳對犬隻做全面性的毛皮梳理，使用長且深的刷理手法進行深度按摩。
2. 使用藥用耳粉清潔耳朵。
3. 將棉球用眼藥水沾濕，擦拭清潔犬隻的眼睛。
4. 使用指甲剪將犬隻的指甲尖端剪除，注意動作不要急躁。
5. 使用剪刀修剪犬隻吻部的鬍鬚，以及下巴下方、臉的兩側與眼睛上方的毛。【注意：鬍鬚是否需要完全剪除，請交由飼主決定。特別若該犬隻並非狗展犬或狩獵犬等工作犬。】
6. 將棉球分別放進犬隻的兩隻耳朵（這樣可以防止水跑進耳道），並幫犬隻沖洗身體。清洗完畢後，將犬隻帶進烘毛籠內烘乾。這邊要特別注意犬隻白毛區域的色澤。
7. 將幾滴羊毛脂護毛劑滴在你的手掌上，輕輕搓揉開，並用按摩的方式塗抹在犬隻的毛皮上。
8. 用豬鬃梳輕柔刷整犬隻的毛皮，讓護毛劑能很好的均勻沾於毛皮上。接著使用麂皮布在犬隻的毛皮上擦拭拋光，讓毛皮看起來亮麗有色。

　　如果哈密爾頓斯多弗爾犬主要是作為居家寵物生活，那麼可以每十至十二個星期做一次清潔美容。若是作為狩獵工作犬，就比較不需要美容清潔。飼主時常梳理犬隻的被毛，可以增進毛皮的健康與亮澤。每個星期都要檢查耳朵，有必要的話進行清潔。每個月都要檢查指甲的狀況，有必要的話進行修剪。

美容程序

1. *使用鬃毛刷梳理犬隻的毛皮，接著使用梳毛手套作全面性的梳理。*

2. *將棉球用洗耳液沾濕，擦洗犬隻的耳朵，去除耳朵汙垢，避免發出異味。接著使用乾燥的棉球擦拭，並在犬隻耳朵撒上藥用耳粉。*

3. *使用圓洞式指甲剪修剪犬隻的指甲，每個月都應該要修剪一次。*

4. *檢查肉球與腳底是否有扎到木刺或沾到柏油等等。*

5. *使用沾水濕潤的棉球擦拭犬隻眼角內側，用眼藥水沾濕棉球，去除犬隻眼睛周圍的髒汙與淚痕。*

6. *為了使犬隻白毛區域的色澤更加明顯，可以使用中性偏鹼，含有無刺激蛋白的洗毛精清洗犬隻。*

7. *使用烘毛籠將犬隻毛皮烘乾到微濕，帶在美容桌上使用吹風機和鬃毛刷做最後的吹整。*

8. *可以使用剪刀修剪犬隻的鬍鬚，讓臉型更突出，但這非必需的步驟。*

9. *使用打薄剪，修掉臉上的長毛，以及腿部後方與臀部的雜毛。*

10. *肘關節部的繭，可以塗抹潤膚乳液來軟化與治療。*

11. *最後噴上貂油，營造出明亮的光澤感，並用豬鬃毛刷做全面梳理。*

哈利犬

工具與設備

- 棉球
- 耳朵清潔劑
- 藥用耳粉
- 貂油噴霧
- 指甲剪（巨型犬專用）
- 純豬鬃毛刷
- 直式剪刀
- 劍麻梳毛手套
- 潤膚乳液
- 無刺激蛋白洗毛精
- 打薄剪

荷花瓦特犬

工具與設備

- 棉球
- 眼藥水（除淚痕液）
- 藥用耳粉
- 排梳（大齒）
- 廢毛梳
- 指甲剪
- 直式剪刀
- 針梳
- 打薄剪

美容程序

1. 使用針梳犬隻做全身梳理，特別注意脖子、大腿與尾巴這三個部位。這些地方的打結處都可以用廢毛梳處理。對犬隻做全面性的梳理，除去廢毛。
2. 使用藥用耳粉清潔耳朵，並輕輕拔除耳內的雜毛。
3. 使用眼藥水沾濕棉球，擦拭清潔犬隻的眼部。
4. 使用指甲剪將犬隻的指甲尖端剪除，注意動作不要急躁。
5. 使用剪刀修剪犬隻吻部的鬍鬚，以及下巴下方、臉的兩側與眼睛上方的毛。【注意：鬍鬚是否需要完全剪除，請交由飼主決定。】
6. 將棉球分別放進犬隻的兩隻耳朵，防止水跑進耳道，並幫犬隻沖洗身體。清洗完畢後，將犬隻帶進烘毛籠內烘乾。
7. 將犬隻從頭到尾做全面性的梳理。
8. 使用剪刀將犬隻腳趾與肉球間的毛修剪乾淨，並沿著腳型修剪邊緣的毛髮。
9. 使用剪刀或打薄剪，將兩隻後腿從飛節開始沿著腿部，以及兩隻前腿從腳踝周圍開始的雜毛全部修剪乾淨。
10. 使用打薄剪修剪頭頂與耳尖的雜毛。
11. 用扁狀梳與非扁狀梳，全面梳理整個犬隻的毛皮。

　　如果荷花瓦特犬主要是作為居家寵物生活，那麼可以每十至十二個星期做一次清潔美容。若是作為狩獵工作犬，就比較不需要美容清潔。飼主時常梳理犬隻的被毛，可以增進毛皮的健康與亮澤。每個星期都要檢查耳朵，有必要的話進行清潔。每個月都要檢查指甲的狀況，有必要的話進行修剪。

美容程序

1. 使用鬃毛刷梳理犬隻的毛皮，接著使用梳毛手套作全面性的梳理。

2. 將棉球用洗耳液沾濕，擦洗犬隻的耳朵，去除耳朵汙垢，避免發出異味。接著使用乾燥的棉球擦拭，並在犬隻耳朵撒上藥用耳粉。

3. 使用圓洞式指甲剪修剪犬隻的指甲，每個月都應該要修剪一次。

4. 檢查肉球與腳底是否有扎到木刺或沾到柏油等等。

5. 使用弱鹼性無刺激蛋白洗毛精清洗犬隻。

6. 使用烘毛籠將犬隻毛皮烘乾到微濕，帶在美容桌上使用吹風機和鬃毛刷做最後的吹整。

7. 使用烘毛籠將犬隻毛皮烘乾到微濕，帶在美容桌上使用吹風機和鬃毛刷做最後的吹整。

8. 修掉臉上任何過長的毛髮。

9. 塗抹潤膚乳液，以軟化與治療肘關節部的繭。

10. 最後噴上貂油，營造出明亮的光澤感，並用梳毛手套做全面梳理。

伊比莎獵犬

工具與設備

- 棉球
- 洗耳液
- 藥用耳粉
- 貂油噴霧
- 指甲剪（巨型犬專用）
- 純豬鬃毛刷
- 直式剪刀
- 劍麻梳毛手套
- 潤膚乳液
- 無刺激蛋白洗毛精

愛爾蘭紅白雪達犬

工具與設備

- 棉球
- 眼藥水（除淚痕液）
- 藥用耳粉
- 排梳（疏齒）
- 指甲剪
- Oster A－5電剪／#10 號刀頭
- 直式剪刀
- 針梳
- 打薄剪

美容程序

1. 使用針梳對犬隻做全面性的梳理，特別注意脖子、胸部、大腿、尾巴與腿部的流蘇狀毛。

2. 從頭到尾全面梳理犬隻毛皮，處理毛髮打結問題，同時將廢毛梳除。

3. 使用藥用耳粉清潔耳朵，同時輕輕拔除耳內的雜毛。

4. 使用眼藥水沾濕棉球，擦拭清潔犬隻的眼部。

5. 使用指甲剪將犬隻的指甲尖端剪除，注意動作不要急躁。

6. 使用剪刀修剪犬隻吻部的鬍鬚，以及下巴下方、臉的兩側與眼睛上方的毛。【注意：鬍鬚是否需要完全剪除，應該交由飼主決定。特別是該犬隻非狗展用犬隻的時候。】

7. 使用 Oster A5 電剪搭配 #10 號刀頭，從腹股溝開始往肚臍處剃毛犬隻腹部，並往下剃毛到大腿內側。

8. 以電剪剃除犬隻肛門處的毛，請務必注意不要讓刀頭直接接觸到皮膚（約留 1／2 英吋或 1 公分的距離）。

9. 清洗犬隻身體之前，先將棉球分別放進犬隻的兩隻耳朵，防止水跑進耳道。清洗完畢後，將犬隻帶進烘毛籠內烘乾。

10. 邊使犬隻毛髮蓬鬆邊吹乾（配合使用針梳），讓耳朵、尾巴與腿部的毛髮帶有蓬鬆感。

11. 使用剪刀將犬隻腳趾與肉球間的毛修剪乾淨，並沿著腳型修剪邊緣。

12. 使用剪刀或打薄剪，將兩隻前腳沿著腳踝周邊，以及兩隻後腿從飛節處開始，所有沿著腿部生長的雜毛全部修剪乾淨。

13. 讓尾巴保持平伸，將毛髮往下梳理，並用剪刀修剪下緣，讓根部的毛髮比較粗，逐漸朝著毛尖處變細。

14. 使用剪刀修剪腿部、胸部與腹部的流蘇狀毛。

15. 使用打薄剪修剪頭頂到臉部，以及耳尖處的雜毛。

16. 梳理整個犬隻的毛皮，以便將廢毛梳走。

　　愛爾蘭紅白雪達犬每八至十個星期就應該做一次清潔美容。每個星期都要檢查耳朵，有必要的話進行清潔。每個月都要檢查指甲的狀況，過長的話請進行修剪。

愛爾蘭
雪達犬

工具與設備

- 棉球
- 洗耳液
- 吹水機
- 長毛犬種專用拆結排梳
- 藥用耳粉
- 指甲剪（巨大型犬種專用）
- Oster A－5電剪／#7F、#10號刀頭
- 柄梳（大型）
- 蛋白質護毛素
- 純豬鬃毛刷
- 直式剪刀
- 針梳
- 鋼梳（疏齒／密齒）
- 刮刀
- 無刺激蛋白洗毛精
- 打薄剪

美容程序

1. 將蛋白質護毛素全面噴灑在犬隻的毛皮上，可以增進犬隻毛皮生長，同時修護分叉。使用柄梳將犬隻的毛皮完整梳理一遍。接著使用拆結牙梳將脫落與死去的底部廢毛梳掉。最後使用針梳梳開糾結的區域。

2. 將棉球用洗耳液沾濕，擦洗犬隻的耳朵，去除耳朵汙垢，避免發出異味。接著使用乾燥的棉球擦拭，並在犬隻耳朵撒上藥用耳粉。

3. 使用圓洞式指甲剪修剪犬隻的指甲，每個月都應該要修剪一次。

4. 檢查肉球與腳底是否有扎到木刺或沾到柏油等等。修剪腳下的毛，避免吸附髒東西。沿著腳掌修掉與地面接觸的毛。腳趾間的毛不用特別修掉。

5. 修剪尾巴下方延伸到肛門處的長毛。先確認肛門周圍是否乾淨，然後再修剪尾巴下方的區域，這樣就不會沾染到髒汙。

6. 可以使用剪刀修剪犬隻的鬍鬚，讓臉型更突出（選擇性步驟）。

7. 使用無刺激蛋白洗毛精清洗犬隻，這種洗毛精是偏鹼性的，可以使毛髮豐富增生，並重組受損的部分。

8. 當犬隻還在清洗槽時，先用吹水機將犬隻身上多餘的水分吹掉，這樣可以加快之後的吹乾時間，避免毛皮過度乾燥。使用烘毛籠將犬隻毛皮烘乾到微濕，然後帶到美容桌上使用吹風機和柄梳做最後的吹整，同時將所有的毛髮梳順，梳掉脫落的廢毛。

9. 吹整時要注意，腿部、尾部、耳朵這些地方較為輕柔的毛髮都要特別吹乾梳直，呈現出飄逸長毛的外觀。當你在吹乾犬隻時，使用金屬梳密齒的部位，將所有的毛髮梳順梳開，這樣吹乾後的造型也會更加賞心悅目。

10. 臉部多餘的毛髮可以使用 #10 號刀頭電剪，順著臉部的紋路進行推剪，讓犬隻的下顎呈現出整潔的輪廓。

11. 使用 #7F 號刀頭電剪，沿著脖子推剪下巴到胸骨上方，約 2 英吋（5 公分）左右的區域。推剪到尾聲時，將電剪輕輕抬起，讓胸部推剪過的毛與未推剪過的區域混雜在一起。這個技巧需要輕微轉動你的腕關節，把電剪的最前端當作鑷子一樣使用。你必須盡你所能的將推剪過的邊緣區域混進周圍的流蘇狀毛之中，避免留下明顯的推剪線條與分隔痕跡。推剪的長度取決於你希望脖子線條的呈現能維持多長的時間。請務必從毛髮的尖端開始推剪，不要逆向或破壞毛流。推剪時不要急躁，慢慢進行，避免一口氣修掉太多毛髮。

12. 修整兩隻耳朵下方與周圍的毛髮。同樣以轉動腕關節的手法，將頸部兩側的剃除痕跡與周邊的毛髮修飾隱藏起來，留下耳朵與頸部下方的剃毛區塊。不要在頸部的頂端使用電剪，頸部的呈現樣貌應該是修長有線條，沒有多餘贅肉。使用打薄剪讓修剪的區域與長毛區域自然混和在一起。這個階段請配合使用打薄剪與梳子，時時將打薄剪的尖端對正毛流的方向打薄與梳理，直到呈現出你滿意的樣貌。再次提醒，不要破壞犬隻的毛流。

13. 愛爾蘭雪達犬應該呈現出整潔的外表，因此可以使用刮刀修掉凌亂的雜毛。頭部請不要使用電剪進行推剪。

14. 輕柔將犬隻耳朵的底部拉直，接著使用 #10 號刀頭電剪，沿著毛流生長的方向，從毛髮生長的部位往下進行推剪約三分之一的範圍，營造低耳位的視覺呈現。垂耳的前端不需推剪，只要推剪垂耳遮蓋部位就好。往下剃除垂耳遮蓋處約三分之一的毛，這個步驟要盡可能刮除表面的毛髮上的毛邊，所以會稍微違背之前不要破壞毛流的原則。垂耳內側的毛髮必須修剪的跟外側長度相同，接著使用剪刀修剪上耳朵的前緣，將剪短的毛髮混入長毛中。如果垂耳內側的毛量豐沛，要儘量跟周圍的毛髮混在一起，使頭部和耳朵看起來有整體感。長耳朵是呈現的重點，因此只有在耳朵尖端的毛髮雜亂不平順的時候才會剪短。

15. 如果肩部的毛髮很厚重，可以使用打薄剪，從頸部開始，逐漸往肩部剪出滑順的線條。

16. 胸部的毛髮也要盡可能留長，除非毛髮雜亂不勻稱，這時候就要剪短。

17. 體側與身體下方的毛髮也要留長且自然，只有在毛髮太過雜亂，需要呈現出自然的毛流狀態時，才會從胸部到腰段進行修整與剪短。

18. 後腳與尾巴下方的飾毛要往下梳順，只有雜亂的部分需要修剪掉。後

愛爾蘭雪達犬

腳掌的部分要修成圓形，就像貓咪腳掌一樣，腳趾之間要留有足量的毛髮。使用打薄剪，將腳趾間過於粗糙以及過度突出，會影響腳掌呈現出理想圓形的雜毛修掉。飛節後側的毛可以使用打薄剪修薄，但是注意不要留下刻意修剪過的不自然樣貌。

19. 尾巴的飾毛應該留長並朝下梳順。出於衛生方面的考量，請確實將尾根下方（垂到肛門的毛）的豐沛長毛剪除。尾巴上半部的雜毛應該使用打薄剪修整，並朝尾巴的尖端逐漸削減毛量，使尾巴呈現根部毛量豐厚寬闊，尾尖毛量窄少俐落的造型。如果尾尖的毛會接觸到地板，請將多餘的毛髮修剪掉。尾巴的毛保持適當的長度，可以使犬隻在視覺呈現上有整體感。

20. 前腳的修剪方式同你在後腳進行的一樣。但是飾毛必須先梳理過，然後直直修剪出自然的線條，與足骹部的毛髮混合在一起。

21. 將蛋白質護毛素輕輕噴灑塗抹在犬隻的毛皮上，增加光澤與香氣，並使用純鬃毛刷對犬隻做全面性的刷理。

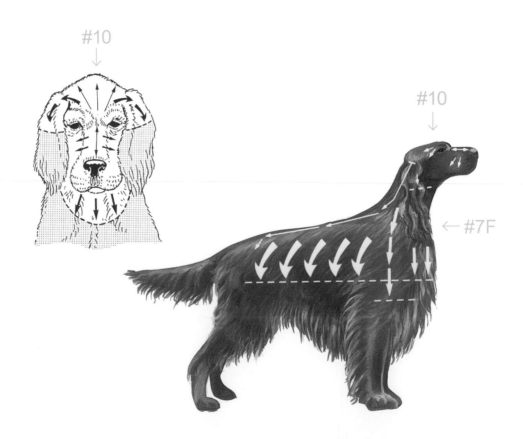

美容程序

1. 將蛋白質護毛素全面噴灑在犬隻的毛皮上，可以增進犬隻毛皮生長，同時修護分叉。接著使用拆結牙梳，從犬隻的後肢開始到裙襬狀毛底層邊緣，完整且仔細地梳去犬隻的底層絨毛中的廢毛。可以將犬隻的身體部位分為幾個區塊個別梳理，從背部到頸部的區塊必須比較花費力氣梳理。在這個步驟清除的廢毛愈多，之後清潔美容時要處理與烘乾的毛量就愈少。

2. 將棉球用洗耳液沾濕，擦洗犬隻的耳朵，去除耳朵汙垢，避免發出異味。接著使用乾燥的棉球擦拭，並在犬隻耳朵撒上藥用耳粉。使用你的手指或耳鉗拔掉耳朵內的雜毛。

3. 使用圓洞式指甲剪修剪犬隻的指甲，每個月都應該要修剪一次。

4. 使用圓洞式指甲剪修剪犬隻的指甲，每個月都應該要修剪一次。

5. 使用無刺激蛋白洗毛精清洗犬隻，這種洗毛精是偏鹼性的，可以使毛髮豐富增生，並重組受損的部分。

6. 當犬隻還在清洗槽時，先用吹水機將犬隻身上多餘的水分吹掉，這樣可以加快之後的吹乾時間，避免毛皮過度乾燥。使用烘毛籠將犬隻毛皮烘乾到微濕，噴上亮毛噴劑，然後帶到美容桌上使用吹風機和柄梳做最後的吹整，同時將所有的毛髮梳順，梳掉脫落的廢毛。

7. 使用疏齒梳，從皮膚開始完整梳開所有糾結的毛。

8. 使用 #10 號刀頭電剪修除肛門附近的雜毛，只要剃這個部位，而且注意將力道放輕。

9. 使用 #10 號刀頭電剪，順著毛流剃除下腹部的毛。

愛爾蘭㹴

工具與設備

- 亮毛噴劑
- 梳子（密齒／疏齒）
- 棉球
- 洗耳液
- 耳鉗
- 吹水機
- 長毛犬種專用拆結牙梳（#565號）
- 藥用耳粉
- 指甲剪（巨型犬專用）
- Oster A－5電剪／#5、#5F、#7、#7F、#10號刀頭
- 柄梳
- 蛋白質護毛素
- 純豬鬃毛刷
- 直式剪刀
- 針梳
- 無刺激蛋白洗毛精
- 打薄剪

愛爾蘭㹴

10. 使用 #10 號刀頭電剪，從耳朵底部到耳朵尖，剃除耳朵兩側的毛。在推剪外部的形狀時，請使用你的拇指作為保護阻隔，避免剪出傷口。

11. 使用 #10 號刀頭電剪，從眼窩後方開始，往回朝頭部下方推剪頭部的毛。這個步驟記得將豐沛的眉毛留下。在推剪側臉的時候，要從眼睛的外角，直線往嘴巴移動。記得不要推剪到眉毛之間，也不要推剪到口吻部或眼睛的下方。

12. 將鬍鬚向上撥開，以 10 號刀頭電剪推剪頸部下方的部位。將這個部位清理乾淨，留下豐厚的鬍鬚。

13. 使用 #10 號刀頭電剪，推剪喉嚨的區塊，在兩耳之間，以大寫的 U 字移動推剪。往下剃到胸骨上方約一至兩英吋（2.5 或 5 公分）左右的位置。

14. 使用 #7F 號刀頭電剪推剪身體。推剪身體時，必須依照犬隻的毛皮類型與皮膚敏感度變更刀頭，然後從頭部的下方開始推剪到尾部的底端（推剪時，按照毛皮的感覺，可能不時需更從 #7F 號刀頭換成 #7 號刀頭、#5 號刀頭或是 #5F 號刀頭）。推剪犬隻身體兩側，推剪的部位為頸部開始到前腿與身體交接處，然後到達後腿的大腿部。推剪的時候，應該要均勻從肘部往臀部以斜線的方式進行，依照身體的輪廓，使用電剪沿著毛流生長的方向進行推剪，注意不要逆向或破壞毛流。當你推剪到身體末端時，可以略為提起電剪，讓推剪過的毛與沒推剪過的毛能交雜進裙襬狀毛與腿部的毛髮之中。這個技巧需要輕微轉動你的腕關節，把電剪的最前端當作鏟子一樣使用。你必須盡你所能的將推剪過的邊緣區域混進周圍的流蘇狀毛之中，避免留下明顯的推剪線條與分隔痕跡。

15. 使用 #7F 號刀頭電剪推剪尾部。推剪的時候，一定要記得順著毛流生長的方向推剪，不要逆向或破壞毛流。在推剪尾部下方的時候，要特別放輕力道，避免刺激。最後也別忘了將尾部下方的毛修飾在一起，讓這個區塊看起來不會顯得突兀。

16. 使用 #7F 號刀頭電剪，推剪犬隻前胸並延伸到前胸下方的區塊，在兩隻前腿之間做出流蘇狀毛，以製造胸部的深度感。

17. 先使用針梳，從上往下梳理犬隻的兩隻前腿，再用疏齒梳梳理一遍，同時抬起犬隻的腳輕輕搖動，讓毛流自然垂下。使用剪刀，將腿部的毛修剪成圓柱形，再用打薄剪，混合修整任何剃過與未剃的區塊，毛流明顯有不平整的地方。將毛流與肩部的毛流混合在一起，使肩部到

腳部成一直線。最後再修剪塑形，使足部看起來圓潤簡潔，但不要露出指甲。

18. 均勻修剪身體兩側的飾毛，讓飾毛在肋骨和胸部下面呈現得更為豐厚。均勻修剪前胸下腹部到腹股溝的線條，自然呈現出犬隻腰段。

19. 同樣由上往下使用針梳梳理犬隻的兩隻後腿，再用疏齒梳梳理一遍，同時抬起犬隻的腳輕輕搖動。使用剪刀修剪後臀部的毛，使其與後腿的毛流混合在一起。後腿的部分必須呈現出良好的角度，且應該均勻的修剪到大腿中間的位置。大腿到飛節的部分，只需要梳去廢毛，然後均勻修剪飛節後方的線條。接著圍繞腳部，將腳部的毛流與腿部混合在一起。後腿的內側必須呈現出拱門的形狀。

20. 將犬隻的眉毛往前梳理，然後將剪刀指向鼻子，修剪眼睛周邊的毛，將眼部凸顯出來。修剪兩眼間的雜毛（額頭的位置），然後再梳理一次。最後斜斜修整犬隻眼睛的外角到相對鼻角位置的區塊。

21. 將犬隻鬍鬚的部分朝前梳理，並修剪掉雜亂生長或是過長的鬍鬚，使犬隻外表整潔乾淨。

22. 用純鬃毛刷刷理犬隻的毛皮，並噴上蛋白質護毛素收尾，增加毛皮的光澤與香味。

#5, #7, #8½

愛爾蘭
水獵犬

工具與設備

- 魚骨剪
- Oster A－5電剪／#10、#15號刀頭
- 梳子
- 棉球
- 洗耳液
- 指甲剪（圓洞式或直剪式）
- 洗毛精（泛用型或加強毛流養護型）
- 針梳
- 直式剪刀
- 止血粉

美容程序

1. 修剪犬隻的指甲，只要修剪尖端的部位就好，注意動作輕柔不急躁。如果指甲出血，可以使用止血粉止血。若是有不平順的部分，可以使用銼刀磨除。

2. 使用液體洗耳液清潔耳朵，將洗耳液塗抹在棉球上，擦去耳道所有的耳垢和髒汙。

3. 使用針梳將犬隻身上的廢毛與脫毛移除。

4. 使用 #10 號刀頭電剪，推剪鼻頭到整個吻部，以及雙頰到耳朵耳道前方突出的長毛。推剪時，請注意推剪的區域不要超出眼角到耳道頂端的假想線，讓額部呈現出聳立的毛量，是該犬種的特色。這種犬種的另一個特色點在於運動時的鬍鬚樣貌，鬍鬚可能會停留在原本生長的部位上。位於喉部，鬍鬚下方的毛髮應該要修短，長度就跟臉部一樣。可以依照大寫的 V 字推剪，結束的交集點在胸骨上方。如果有需要的話，可以使用魚骨剪。

5. 在清洗之前，可以先用剪刀剪去多餘的毛髮，同時能使毛髮更加捲曲。將捲毛拉直，遠離身體進行梳理。使用直式剪刀，將犬隻全身的毛剪成約 2 英吋（5 公分）的長度。在胸腔留下比較豐沛的毛量，以強調犬隻胸骨部位的活力。頸部的毛量可以稍微減多一點點，以凸顯頸部的長度。然後耳朵遮蓋住的部位（頸部上的毛）可以稍微留一點點毛量，可以使耳朵更貼近犬隻的頭部。

6. 使用你選擇的洗毛精清洗犬隻，並徹底清洗乾淨。

7. 用毛巾擦乾，避免傷害到捲毛。

8. 在腿部的地方，從肘部以下（前腿）與飛節以下（後腿），都應該用吹風機吹乾，同時配合針梳進行梳理。耳朵的部分也可以吹乾。身體的部分請不要使用吹風機，而是要使用風乾的方式，加強捲毛的塑型。

9. 修剪腿部的毛髮，使用梳子將毛拉起來，遠離犬隻的身體，一列一列平均修剪。剪去腳底多餘的毛髮，然後使用剪刀或是 #15 號刀頭電剪，將腳掌之間的毛修剪乾淨。圍繞腳部進行修剪，使其與腿部其他部位呈現一體感。後腳的部分，在飛節的地方應該把多餘的毛髮修剪乾淨，也要修剪腳部的內側。圍繞著後腿，修短腿部外側邊緣部分的毛髮，這樣有讓後腿看起來修直的效果。飛節內部的毛髮也應該要修短，加強後腿直立的視覺效果。等腿部完成修剪之後，可以噴上一層水霧，讓毛皮重現捲曲的感覺。

10. 尾巴上的毛髮可以使用魚骨剪使其平順，尾巴的根部要覆蓋上從身體延伸過來約 3 英吋（8 公分）左右的捲毛。尾巴的其他部分則要特別修剪過，並使毛髮平順，好像完全把捲毛剪掉一樣。這種樣式被稱為「鼠尾」，是這個犬種的獨特表徵。

11. 在額段的部分，必須做出一個明顯突出的峰頂，並延伸到兩眼之間的一個點上。耳朵頂部的毛應該要比較短，以突顯出低耳位。

12. 裙襬狀毛應該要直，但是要緩緩傾斜到後腿，且不會往回捲曲。

13. 背部的線條呈現應該要筆直或是尾部稍微比較高一點，所以任何過長，或是會破壞視覺呈現的毛髮都需要剪除。

14. 後腿背側的毛髮，也就是飛節上方的毛髮，應該要修短以突顯腿型。

愛爾蘭水獵犬以及他全身緊緻的捲毛，應該被賦予聰明、氣宇昂揚（不是長腿）的樣貌。這個品種的犬隻應該每四到八個星期進行一次清潔美容。

愛爾蘭獵狼犬

工具與設備

- 棉球
- 洗耳液
- 耳鉗
- 除淚痕液
- 藥用耳粉
- 指甲剪
- 蛋白質護毛素
- 純豬鬃毛刷
- 直式剪刀
- 短毛犬種專用拆結牙梳（#564）
- 針梳
- 鋼梳（疏齒／密齒）
- 刮刀
- 無刺激蛋白洗毛精
- 打薄剪

美容程序

1. 將蛋白質護毛素全面噴灑在犬隻毛皮上，可增進毛皮生長、修護分叉。再使用針梳全面梳理犬隻，移除毛皮上的廢毛。然後用專為短毛品種設計的拆結牙梳（＃564）移除底層絨毛中的廢毛。

2. 將棉球用洗耳液沾濕，擦洗犬隻的耳朵，去除耳朵汙垢，避免發出異味。接著使用乾燥的棉球擦拭，並在犬隻耳朵撒上藥用耳粉。使用你的手指或耳鉗拔掉耳朵內的廢毛。

3. 用圓洞式指甲剪修剪指甲，每月都應修剪一次。

4. 用無刺激蛋白洗毛精清洗犬隻，這種洗毛精偏鹼性，可使毛髮豐富增生，並重組受損的部分。

5. 犬隻還在清洗槽時，先用吹水機將犬隻身上多餘的水分吹掉，可以加快之後的吹乾時間，避免毛皮過度乾燥。用烘毛籠將犬隻毛皮烘乾到微濕，然後帶到美容桌上用吹風機和柄梳刷做最後吹整，同時將所有的毛髮梳順，梳掉脫落的廢毛。最後用金屬梳子將犬隻毛皮做最後梳整，請特別注意耳後的細毛，這部位可以使用密齒梳來梳理。

6. 檢查肉球與腳底是否有扎到木刺或沾到柏油等等。修剪腳底與肉球間的毛。沿著腳掌修剪，整理整個腿部。用打薄剪將腳趾間長出的毛修乾淨。兩隻後腿足骹背面的毛髮要特別注意，別漏掉。

7. 可用剪刀修剪鬍鬚，讓臉型更突出，但非必要。

8. 使用拇指與食指將耳朵外側的廢毛挑掉。

9. 用刮刀或打薄剪，修剪頭頂上雜亂生長的毛髮。

10. 修剪脖子兩側多餘的飾毛。

11. 使用打薄剪修剪肘部多餘的雜毛。

12. 整理鬍鬚，使其看起來平整且豐富。

13. 剪除身體上任何雜亂的毛髮，並用打薄剪修整腿部的飾毛與尾部。

14. 將蛋白質護毛素輕輕噴灑塗抹在毛皮上，增加光澤與香氣，並用純鬃毛刷做全面性的刷理。

美容程序

1. 使用除豬鬃毛梳理犬隻的毛皮，接著使用澡刷梳理。

2. 將棉球用洗耳液沾濕，擦洗犬隻的耳朵，去除耳朵汙垢，避免發出異味。接著使用乾燥的棉球擦拭，並在犬隻耳朵撒上藥用耳粉。

3. 使用圓洞式指甲剪修剪犬隻的指甲，每個月都應該要修剪一次。

4. 檢查肉球與腳底是否有扎到木刺或沾到柏油等等。

5. 使用無刺激蛋白洗毛精清洗犬隻，這種洗毛精是偏鹼性的，可以使毛髮豐富增生，並重組受損的部分。

6. 使用烘毛籠將犬隻毛皮烘乾到微濕，然後帶到美容桌上使用吹風機和純鬃毛梳做最後的吹整。

7. 可以使用剪刀修剪犬隻的鬍鬚，讓臉型更突出，但這非必要的步驟。

8. 使用剪刀修剪耳朵及耳朵內的雜毛。

9. 將犬隻身體表面看起來不平順的毛流處理得平整光滑，使用密齒刮刀剃除尾巴下方看得到的任何長毛。

10. 使用打薄剪，修剪腳趾間看起來比較長的雜毛。腿部看起來應該緊實且整潔。

11. 最後噴上貂油，營造出明亮的光澤感，並用純鬃毛刷做全面梳理。

義大利靈緹犬

工具與設備

- 棉球
- 洗耳液
- 藥用耳粉
- 貂油噴霧
- 指甲剪
- 純豬鬃毛刷
- 澡刷
- 直式剪刀
- 密齒刮刀
- 無刺激蛋白洗毛精
- 打薄剪

史畢諾犬

美容程序

1. 使用柄梳全面刷理犬隻的身體，接著梳理犬隻的毛皮以梳去廢毛。
2. 使用藥用耳粉清潔耳朵，並輕輕拔除耳內的雜毛。
3. 使用眼藥水沾濕棉球，擦拭清潔犬隻的眼部。
4. 使用指甲剪將犬隻的指甲尖端剪除，注意動作不要急躁。
5. 將棉球分別放進犬隻的兩隻耳朵，防止水跑進耳道，並幫犬隻沖洗身體。清洗完畢後，將犬隻帶進烘毛籠內烘乾。
6. 將犬隻從頭到尾做全面性的梳理。
7. 使用剪刀將犬隻腳趾與肉球間的毛修剪乾淨，並沿著腳型將毛髮修剪整齊。
8. 使用打薄剪修剪頭頂、耳朵與背部的雜毛。
9. 全面梳理犬隻的毛皮，移除全部的廢毛。

　　如果史畢諾犬主要是作為居家寵物生活，那麼可以每十至十二個星期做一次清潔美容。每個星期都要檢查耳朵，有必要的話進行清潔。每個月都要檢查指甲的狀況，有必要的話進行修剪。

美容程序

1. 從頭部開始全面刷理犬隻整身皮毛。
2. 使用廢毛梳，輕柔耙過犬隻的皮毛。在非換毛季時，要避免耙到底層絨毛，只要使用廢毛梳或開結梳稍微梳理就好。最後全面梳理犬隻全身的皮毛，移除所有廢毛。
3. 使用藥用耳粉清潔耳朵。
4. 使用眼藥水將棉球沾濕，擦拭清潔犬隻的眼睛。這樣也能同時清除眼睛下方與周圍與下方的髒汙。
5. 使用指甲剪將犬隻的指甲尖端剪除，注意動作不要急躁。
6. 使用剪刀修剪犬隻吻部的鬍鬚，以及下巴下方、臉的兩側與眼睛上方的毛。【注意：若該犬種不是犬展專用犬，則修剪鬍鬚並非必要的清潔步驟。】
7. 在犬隻的兩隻耳朵分別塞進棉球，進行清洗。清洗完成後可以使用烘毛籠或吹蓬。（如果犬隻的底層絨毛比較厚重，那麼使用吹蓬可能會比較適當。）
8. 使用剪刀將犬隻腳趾與肉球間的毛修剪乾淨，並沿著腳型將毛髮修剪整齊。
9. 使用打薄剪，將後腳飛節到腳底的雜毛修剪掉。
10. 用扁狀梳與非扁狀梳，全面梳理整個犬隻的毛皮。

　　銀狐犬每八至十個星期就應該要做一次清潔美容。規律地梳毛，可以促進毛皮的健康，避免毛髮纏繞糾結。每個星期都要檢查耳朵，有必要的話進行清潔。每個月都要檢查指甲的狀況，有必要的話進行修剪。必較需要注意的地方在於，這類犬種耳朵上的毛有保護的效果，不應該碰觸撫摸，但是有時為了衛生方面的顧慮，耳道內的毛還是需要清除。

銀狐犬

工具與設備

- 棉球
- 眼藥水（除淚痕液）
- 開結梳
- 藥用耳粉
- 排梳（大齒）
- 廢毛梳
- 指甲剪
- 直式剪刀
- 針梳
- 打薄剪

日本狆

工具與設備

- 棉球
- 洗耳液
- 耳鉗
- 除淚痕液
- 藥用耳粉
- 指甲剪
- Oster A－5電剪／#10 號刀頭
- 蛋白質護毛素
- 純豬鬃毛刷
- 直式剪刀
- 針梳（平緩型）
- 鋼梳（疏齒／密齒）
- 無刺激蛋白洗毛精
- 打薄剪

美容程序

1. 將蛋白質護毛素全面噴灑在犬隻的毛皮上，可以增進犬隻毛皮生長，同時修護分叉。接著使用針梳，輕柔且全面梳理犬隻的皮毛。

2. 將棉球用洗耳液沾濕，擦洗犬隻的耳朵，去除耳朵汙垢，避免發出異味。接著使用乾燥的棉球擦拭，並在犬隻耳朵撒上藥用耳粉。使用你的手指或耳鉗拔掉耳朵內的雜毛。

3. 用清水沾濕棉球擦拭兩眼內側，再用除淚痕液沾濕棉球，清除眼睛下方與周圍的汙垢。

4. 用圓洞式指甲剪修指甲，每月應修剪一次。

5. 檢查肉球與腳底是否扎到木刺或沾到柏油等。剪下腳底與肉球之間生長的毛髮，避免沾染髒汙。使用打薄剪，將犬隻腳掌周圍接觸到地面，或是長出腳趾間的毛髮剪掉。

6. 使用 #10 號刀頭電剪推剪肛門附近的毛髮。只要清理這個部位就好，手的力道要輕柔，不能重壓。剪掉尾巴下方延伸到肛門處的所有長毛，避免沾染到穢物。

7. 使用 #10 號刀頭電剪順著毛流直線剃除腹部的區域。

8. 用無刺激蛋白洗毛精清洗犬隻，這種洗毛精偏鹼性，可使毛髮增生，並重組受損部分。

9. 用烘毛籠將犬隻毛皮烘乾到微濕，然後帶到美容桌上用吹風機和柄梳做最後吹整，同時將所有毛髮梳順，梳掉脫落的廢毛。用密齒鋼梳梳理犬隻身體，將所有的毛流梳開。

10. 用打薄剪將所有看起來厚重部位的毛髮打薄，並剪去雜毛，讓犬隻呈現良好造型外觀。

11. 可使用剪刀修剪犬隻鬍鬚，讓臉型更突出。

12. 為增加毛皮光澤與香氣，將蛋白質護毛素噴灑在純鬃毛刷上，在犬隻毛皮上做刷理。

美容程序

1. 將蛋白質護毛素全面噴灑在犬隻的毛皮上，可以增進犬隻毛皮生長，同時修護分叉。使用大柄梳全面刷理犬隻的毛皮，交叉使用針梳將糾結的部分梳開。從犬隻的後半身，即裙襬狀毛的底部開始美容，以分層的方式，在梳理的同時，用另一隻手將犬隻的毛皮向上撥起，避免阻擋到梳理部位的視線。一層一層的梳理，一次只梳理一層。往下刷理直到將糾結處與廢毛都刷理完畢。刷理到毛皮的深處，但是不要接觸到皮膚，避免造成擦傷。全面刷理犬隻整身的皮毛，直到外層皮毛完全梳開。

2. 如果生殖器周圍或前腿腋窩的部位毛皮糾結的很嚴重，可以使用 #10 號刀頭電剪仔細將糾結的部位推剪掉，這些部位若是用刷理的話，可能會讓犬隻感到不舒服。當你在使用電剪的時候，記得要將外層的毛向上剝起，這樣當你剃除完畢後，將外層的毛放下來，就能將剃毛的區域遮擋起來，不那麼明顯。

3. 使用長毛犬種專用的拆結牙梳全面梳理犬隻的毛皮。梳理時可以稍微出點力。在這個步驟你梳掉愈多的廢毛，等會在清洗與烘乾的步驟會比較輕鬆。

4. 使用密齒剛梳梳理耳朵後面的細毛。

5. 用洗耳液沾濕棉球擦拭耳朵，這樣可以去除耳朵汙垢，避免發出異味。接著使用乾燥的棉球擦拭，並在犬隻耳朵撒上藥用耳粉。

6. 使用圓洞式指甲剪修剪犬隻的指甲，每個月都應該要修剪一次。

7. 使用無刺激蛋白洗毛精清洗犬隻，這種洗毛精是偏鹼性的，可以使毛髮豐富增生，並重組受損的部分。

凱斯犬

工具與設備

- 棉球
- 洗耳液
- 吹水機
- 長毛犬種專用拆結牙梳（#565號）
- 藥用耳粉
- 指甲剪（巨型犬專用）
- Oster A－5電剪／#10號刀頭
- 柄梳（大型犬專用）
- 蛋白質護毛素
- 直式剪刀
- 針梳（大型犬專用）
- 鋼梳（密齒／疏齒）
- 無刺激蛋白洗毛精
- 打薄剪

凱斯犬

美容程序

8. 當犬隻還在清洗槽時，使用吹水機將犬隻身上的水分吹掉。這樣可以加快之後的吹乾時間，避免毛皮過度乾燥。使用烘毛籠將犬隻毛皮烘乾到微濕，然後帶到美容桌上使用吹風機和柄梳做最後的吹整，同時將所有的毛髮梳順，梳掉脫落的廢毛。

9. 接著使用金屬梳子將犬隻毛皮做全面性的梳整，請特別注意耳後的細毛，這部位可以使用密齒梳來梳理。

10. 修剪從犬隻尾巴下方延伸到肛門處的長毛，確認肛門周圍乾淨無雜毛。使用 #10 號刀頭電剪電剪推掉犬隻尾巴下方區塊的毛，這樣就不會沾染到穢物。

11. 檢查肉球與腳底是否有扎到木刺或沾到柏油等等。將腳底與肉球之間的雜毛修剪乾淨。使用打薄剪修整腳趾間長出的毛髮。

12. 梳理腿部飾毛與清潔。在後腿的部分，飛節下方應該要平順修剪，讓跗關節與地面垂直。前腿的部分則保留完整的飾毛，但是要修剪，讓飾毛在自然呈現在足骹部而不會接觸到地面。

13. 回過頭使用柄梳全面梳理犬隻的毛皮，使毛皮蓬鬆，看起來好似蓬出於皮膚之上。

14. 可以使用剪刀修剪犬隻的鬍鬚以突顯臉型，但這並非必要的步驟。

15. 幫犬隻噴上蛋白質護毛素收尾，增加毛皮的光澤與香味。

美容程序

1. 將蛋白質護毛素全面噴灑在犬隻的毛皮上，可以增進犬隻毛皮生長，同時修護分叉。使用針梳將犬隻的皮毛全面刷過。接者使用拆結牙梳將底層絨毛的廢毛徹底梳除。從犬隻的後半身，大約是裙襬狀毛的底部開始美容。從背部到頸部，分層進行犬隻的美容工作，梳理時可以多用些力氣。在這個步驟清除的廢毛愈多，之後清潔美容時要處理與烘乾的毛量就愈少。

2. 將棉球用洗耳液沾濕，擦洗犬隻的耳朵，去除耳朵汙垢，避免發出異味。接著使用乾燥的棉球擦拭，並在犬隻耳朵撒上藥用耳粉。使用你的手指或耳鉗拔掉耳朵內的雜毛。

3. 使用圓洞式指甲剪修剪犬隻的指甲，每個月都應該要修剪一次。

4. 檢查肉球與腳底是否有扎到木刺或沾到柏油等等。使用 #10 號刀頭電剪電剪推剪腳底與肉球間的雜毛。

5. 使用無刺激蛋白洗毛精清洗犬隻，這種洗毛精是偏鹼性的，可以使毛髮豐富增生，並重組受損的部分。

6. 當犬隻還在清洗槽時，使用吹水機將犬隻身上的水分吹掉。這樣可以加快之後的吹乾時間，避免毛皮過度乾燥。使用烘毛籠將犬隻毛皮烘乾到微濕，噴上亮毛噴劑，帶到美容桌上使用吹風機和柄梳做最後的吹整，同時將所有的毛髮梳順，梳掉脫落的廢毛。

7. 梳理犬隻皮膚上的全身毛髮，使用梳子疏齒的部分來梳開毛流。

8. 梳理犬隻皮膚上的全身毛髮，使用梳子疏齒的部分來梳開毛流。

9. 使用 #10 號刀頭電剪，順著毛流剃除下腹部的毛。

工具與設備

- 亮毛噴劑
- 梳子（密齒／疏齒）
- 棉球
- 洗耳液
- 耳鉗
- 吹水機
- 長毛犬種專用拆結牙梳（#565號）
- 藥用耳粉
- 指甲剪（巨型犬專用）
- Oster A－5電剪／#7F、#10號刀頭
- 柄梳
- 蛋白質護毛素
- 純豬鬃毛刷
- 直式剪刀
- 針梳
- 無刺激蛋白洗毛精
- 打薄剪

凱利藍㹴

10. 使用 #10 號刀頭電剪，從耳朵底部到耳朵尖，剃除耳朵兩側的毛。在推剪外部的形狀時，請使用你的拇指作為保護阻隔，避免剪出傷口。

11. 使用 #10 號刀頭電剪，從眼窩後方開始，往回朝頭部下方推剪頭部的毛。這個步驟記得將豐沛的眉毛留下。在推剪側臉的時候，要從眼睛的外角，直線往嘴巴移動。記得不要推剪到眉毛之間，也不要推剪到口吻部或眼睛的下方。

12. 將鬍鬚向上撥開，以 10 號刀頭電剪推剪顎部下方的部位。留下豐厚的鬍鬚，在鬍鬚遮蓋住的部分下方進行清潔。

13. 使用 #10 號刀頭電剪，推剪喉嚨的區塊，在兩耳之間，以大寫的 U 字移動推剪。往下剃毛到胸骨上方約 1 至 2 英吋（2.5 或 5 公分）左右的位置。

14. 使用 #7F 號刀頭電剪推剪身體。推剪身體時，必須依照犬隻的毛皮類型與皮膚敏感度變更刀頭，然後從頭部的下方開始推剪到尾部的底端（推剪時，按照毛皮的感覺，可能不時需更從 #7F 號刀頭換成 #7 號刀頭、#5 號刀頭或是 #5F 號刀頭）。推剪犬隻身體兩側，推剪的部位為頸部開始到前腿與身體交接處，然後到達後腿的大腿部。推剪的時候，應該要均勻從肘部往臀部以斜線的方式進行，依照身體的輪廓，使用電剪沿著毛流生長的方向進行推剪，注意不要逆向或破壞毛流。當你推剪到最後時，可以略為提起電剪，讓推剪過的毛與沒推剪過的毛能交雜進裙襬狀毛與腿部的毛髮之中。這個技巧需要輕微轉動你的腕關節，把電剪的最前端當作鏟子一樣使用。你必須盡你所能的將推剪過的邊緣區域混進周圍的流蘇狀毛之中，避免留下明顯的推剪線條與分隔痕跡。

15. 使用 #7F 號刀頭電剪推剪尾部。推剪的時候，一定要記得順著毛流生長的方向推剪，不要逆向或破壞毛流。在推剪尾部下方的時候，要特別放輕力道，避免刺激。最後也別忘了將尾部下方的毛修飾在一起，讓這個區塊看起來不會顯得突兀。

16. 使用 #7F 號刀頭電剪，推剪犬隻前胸並延伸到前胸下方的區塊，在兩隻前腿之間做出流蘇狀毛，以製造胸部的深度感。

17. 先使用針梳，從上往下梳理犬隻的兩隻前腿，再用疏齒梳梳理一遍，同時抬起犬隻的腳輕輕搖動，讓毛流自然垂下。使用剪刀，將腿部的

毛修剪成圓柱形，再用打薄剪，混合修整任何修剪過與未修剪的區塊，毛流明顯有不平整的地方。將毛流與肩部的毛流混合在一起，使肩部到腳部成一直線。最後再修剪塑形，使足部看起來圓潤簡潔，但不要露出指甲。

18. 均勻修剪身體兩側的飾毛，讓飾毛在肋骨和胸部下面呈現得更為豐厚。均勻修剪前胸下腹部到腹股溝的線條，自然呈現出犬隻腰段。

19. 同樣由上往下使用針梳梳理犬隻的兩隻後腿，再用疏齒梳梳理一遍，同時抬起犬隻的腳輕輕搖動。使用剪刀修剪後臀部的毛，使其與後腿的毛流混合在一起。後腿的部分必須呈現出良好的角度，且應該均勻的修剪到大腿中間的位置。大腿到飛節的部分，只需要梳去廢毛，然後均勻修剪飛節後方的線條。接著圍繞腳部，將腳部的毛流與腿部混合在一起。後腿的內側必須呈現出拱門的形狀。

20. 往前梳理犬隻的眉毛，然後將剪刀指向鼻子，修剪眼睛周邊的毛，讓眼部凸顯出來。將眉毛之間豐沛的毛（流蘇狀毛或是頭頂像是爆炸一樣的毛髮）全部留下。

21. 將犬隻鬍鬚的部分朝前梳理，並修剪掉雜亂生長或是過長的鬍鬚，使犬隻外表整潔乾淨。

22. 用純鬃毛刷刷理犬隻的毛皮，並噴上蛋白質護毛素收尾，增加毛皮的光澤與香味。

可蒙犬

工具與設備

- 眼藥水（除淚痕液）
- 髮型凝膠
- 開結梳
- 藥用耳粉
- 排梳（大齒）
- 指甲剪
- Oster A－5電剪／#10 號刀頭
- 直式剪刀
- 軟布／海綿
- 亮白配方洗毛精

美容程序

1. 使用藥用耳粉清潔耳朵，並輕柔拔除耳內的雜毛。

2. 使用眼藥水沾濕棉球擦拭兩眼，這也有助於清除眼睛下方與周圍的任何汙垢。

3. 使用指甲剪修剪犬隻的指甲，注意動作不要急躁。

4. 在 Oster A5 電剪裝上 #10 號刀頭，剃除肛門周圍的毛，並特別注意不要讓刀頭直接接觸到皮膚。（每側約 1／2 英吋或是 1 公分）。

5. 使用電剪剃毛下腹部腹股溝到肚臍的部位，並沿著大腿內側向下剃。

6. 將棉球分別塞進犬隻的兩隻耳朵（這樣可以避免水跑進耳道），並將犬隻放進注有半滿溫水的清洗槽裡。

7. 使用軟布或海綿，讓水流過犬隻所有的索狀毛，並確認犬隻的身體有整個被水浸泡到。

8. 放掉清洗槽裡的髒水。

9. 用海綿將稀釋過的美白專用洗毛精塗抹在犬隻的索狀毛上，並確認洗毛精有滲透進索狀毛直達皮膚。

10. 從頭部開始，使用水管連通清水沖洗犬隻，使用海綿擠壓清洗索狀毛，直到水流變清澈為止。

11. 使用溫毛巾，擠壓犬隻的索狀毛吸收多餘的水分，然後將犬隻帶到烘毛籠內烘乾。

12. 使用剪刀修剪犬隻的索狀毛，將其全部修剪到 4 至 5 英吋的長度（約 10 至 13 公分），這樣的長度應該可以確保犬隻的索狀毛不會接觸到地板。

可蒙犬的毛大概會在一歲半至兩歲左右開始

長成索狀，如果在長成索狀毛之前出現糾結的狀況，那麼就必須使用開結梳，手工梳開糾纏的部分，重新將毛髮組成索狀。使用排梳，將犬隻的毛皮分成一小格一小格的方形區塊，組成直徑約 3／4 英吋（2 公分）的索狀毛，然後塗上髮膠（一次一個區塊），並用手指纏繞毛髮，使之成為索狀。在剛開始的一年半裡，可蒙犬每三至四個星期就應該要美容清潔一次。這樣才能確保索狀毛有正確長成，沒有出現糾結的狀況。一旦索狀毛成形之後，就可以改為每六至八個星期進行一次美容清潔。每個星期都要檢查耳朵，有必要的話進行清潔。每個月都要檢查指甲的狀況，有必要的話進行修剪。

庫瓦茲犬

美容程序

1. 將蛋白質護毛素全面噴灑在犬隻的毛皮上，可以增進犬隻毛皮生長，同時修護分叉。使用拆結牙梳全面梳理犬隻的毛皮，將毛皮梳開梳散與梳掉底層絨毛中的廢毛。從犬隻的後半身，即裙襬狀毛的底部開始美容，以分層的方式，在梳理的同時，用另一隻手將犬隻的毛皮向上撥起，避免阻擋到梳理部位的視線。從背部到頸部，全面梳理整個犬隻。接著使用針梳做全面性的梳理，將毛皮表面的廢毛都梳理乾淨。梳理時可以多用些力氣。在這個步驟清除的廢毛愈多，之後清潔美容時要處理與烘乾的毛量就愈少。

2. 用洗耳液沾濕棉球擦拭耳朵，這樣可以去除耳朵汙垢，避免發出異味。接著使用乾燥的棉球擦拭，並在犬隻耳朵撒上藥用耳粉。

3. 使用圓洞式指甲剪修剪犬隻的指甲，每個月都應該要修剪一次。

4. 使用清水沾濕的棉球擦拭兩眼內側，再使用除淚痕液沾濕棉球，清除眼睛下方與周圍的任何汙垢。

5. 為了使犬隻的毛色更加亮白，使用偏鹼性的不流淚亮白配方洗毛精清洗犬隻。

6. 當犬隻還在清洗槽時，使用吹水機將犬隻身上的水分吹掉。這樣可以加快之後的吹乾時間，避免毛皮過度乾燥。使用烘毛籠將犬隻毛皮烘乾到微濕，接著帶到美容桌上使用吹風機和柄梳做最後的吹整，同時將所有的毛髮梳順，梳掉脫落的廢毛。最後使用鋼梳做全面梳理，特別注意兩隻耳朵後方的細毛，這個部分可以用密齒梳來梳理。

美容程序

1. 指甲只要剪除尖端的部分就好，剪指甲時切勿急躁，若是修剪時不慎出血，可以使用止血粉幫助止血。若是有任何指甲邊緣呈現粗糙的樣貌，都可以使用銼刀進行平滑處理。

2. 使用洗耳液清潔耳朵，將棉球以洗耳液沾濕，清潔兩耳與耳道中的髒汙及耳垢。

3. 對犬隻的毛皮做全面性的刷理，除去任何老舊的廢毛。

4. 對犬隻的毛皮做全面性的刷理，除去任何老舊的廢毛。

5. 使用毛巾將犬隻毛皮的水分擦拭到微濕，然後帶到烘毛籠內烘乾。

6. 拉不拉多犬幾乎用不到什麼特別的美容技巧，硬要說有的話，大概就是在尾巴的部分，可以將毛修得比較鈍，使其看起來不尖銳，以突顯出這個犬種「水獺尾」的特色。

7. 在毛皮薄薄噴上一層護毛素或是亮毛噴劑，配合簡單拋光打磨，就可以營造出毛皮的亮澤感。黑色或巧克力色的犬種特別明顯。

8. 若有必要的話，鬍鬚可以做修剪。

　　拉不拉多犬可以每八至十二個星期進行一次美容清潔。

拉布拉多犬

工具與設備

- 魚骨剪
- 棉球
- 洗耳液
- 指甲剪
- 洗毛精
- 針梳
- 亮毛噴霧
- 止血粉

湖畔㹴

工具與設備

- 亮毛噴劑
- 梳子（密齒／疏齒）
- 棉球
- 洗耳液
- 耳鉗
- 吹水機
- 長毛犬種專用拆結牙梳
  （#565號）
- 藥用耳粉
- 指甲剪（巨型犬專用）
- Oster A－5電剪／#5F
  、#7、#7F、#8、#10
  號刀頭
- 柄梳
- 蛋白質護毛素
- 純豬鬃毛刷
- 直式剪刀
- 針梳
- 無刺激蛋白洗毛精
- 打薄剪

美容程序

1. 將蛋白質護毛素全面噴灑在犬隻的毛皮上，可以增進犬隻毛皮生長，同時修護分叉。接著使用拆結牙梳，從犬隻的後肢開始到裙襬狀毛底層邊緣，全面且仔細地梳去犬隻的底層絨毛中的廢毛。可以將犬隻的身體部位分為幾個區塊個別梳理，從背部到頸部的區塊必須比較花費力氣梳理。在這個步驟清除的廢毛愈多，之後清潔美容時要處理與烘乾的毛量就愈少。

2. 將棉球用洗耳液沾濕，擦洗犬隻的耳朵，去除耳朵汙垢，避免發出異味。接著使用乾燥的棉球擦拭，並在犬隻耳朵撒上藥用耳粉。使用你的手指或耳鉗拔掉耳朵內的雜毛。

3. 使用圓洞式指甲剪修剪犬隻的指甲，每個月都應該要修剪一次。

4. 檢查肉球與腳底是否有扎到木刺或沾到柏油等等。使用 #10 號刀頭電剪，修剪腳底與腳掌間的毛，避免吸附髒東西。

5. 使用無刺激蛋白洗毛精清洗犬隻，這種洗毛精是偏鹼性的，可以使毛髮豐富增生，並重組受損的部分。

6. 當犬隻還在清洗槽時，先用吹水機將犬隻身上多餘的水分吹掉，這樣可以加快之後的吹乾時間，避免毛皮過度乾燥。使用烘毛籠將犬隻毛皮烘乾到微濕，噴上亮毛噴劑，然後帶到美容桌上使用吹風機和柄梳做最後的吹整，同時將所有的毛髮梳順，梳掉脫落的廢毛。

7. 使用疏齒梳，從皮膚開始全面梳開所有糾結的毛。

8. 使用 #10 號刀頭電剪修除肛門附近的雜毛，只要推剪這個部位，而且注意將力道放輕。

9. 使用 #10 號刀頭電剪，順著毛流剃除下腹部的毛。

10. 使用 #10 號刀頭電剪，從耳朵底部到耳朵尖，剃除耳朵兩側的毛。在推剪外部的形狀時，請使用你的拇指作為保護阻隔，避免剪出傷口。

11. 使用 #10 號刀頭電剪，從眼窩後方開始，往回朝頭部下方推剪頭部的毛。這個步驟記得將豐沛的眉毛留下。在推剪側臉的時候，要從眼睛的外角，直線往嘴巴移動。記得不要推剪到眉毛之間，也不要推剪到口吻部或眼睛的下方。

12. 將鬍鬚向上撥開，以 #8 號半刀頭電剪推剪顎部下方的部位。將這個部位清理乾淨，留下豐厚的鬍鬚。

13. 使用 #8 號半刀頭電剪，推剪喉嚨的區塊，在兩耳之間，以大寫的 U 字移動推剪。往下剃到胸骨上方約 1 至 2 英吋（2.5 或 5 公分）左右的位置。

14. 使用 #7F 號刀頭電剪推剪身體。推剪身體時，必須依照犬隻的毛皮類型與皮膚敏感度變更刀頭，然後從頭部的下方開始推剪到尾部的底端（推剪時，按照毛皮的感覺，可能不時需更從 #7F 號刀頭換成 #7 號刀頭、#5 號刀頭或是 #5F 號刀頭）。推剪犬隻身體兩側，推剪的部位為頸部開始到前腿與身體交接處，然後到達後腿的大腿部。推剪的時候，應該要均勻從肘部往臀部以斜線的方式進行，依照身體的輪廓，使用電剪沿著毛流生長的方向進行推剪，注意不要逆向或破壞毛流。當你推剪到身體末端時，可以略為提起電剪，讓推剪過的毛與沒推剪過的毛能交雜進裙襬狀毛與腿部的毛髮之中。這個技巧需要輕微轉動你的腕關節，把電剪的最前端當作鏟子一樣使用。你必須盡你所能的將推剪過的邊緣區域混進周圍的流蘇狀毛之中，避免留下明顯的推剪線條與分隔痕跡。

15. 使用 #7F 號刀頭電剪推剪尾部。推剪的時候，一定要記得順著毛流生長的方向推剪，不要逆向或破壞毛流。在推剪尾部下方的時候，要特別放輕力道，避免刺激。最後也別忘了將尾部下方的毛修飾在一起，讓這個區塊看起來不會顯得突兀。

16. 使用 #7F 號刀頭電剪，推剪犬隻前胸並延伸到前胸下方的區塊，在兩隻前腿之間做出流蘇狀毛，以製造胸部的深度感。

17. 先使用針梳，從上往下梳理犬隻的兩隻前腿，再用疏齒梳梳理一遍，同時抬起犬隻的腳輕輕搖動，讓毛流自然垂下。使用剪刀，將腿部的

湖畔㹴

毛修剪成圓柱形，再用打薄剪，混合修整任何修剪過與未修剪的區塊，毛流明顯有不平整的地方。將毛流與肩部的毛流混合在一起，使肩部到腳部成一直線。最後再修剪塑形，使足部看起來圓潤簡潔，但不要露出指甲。

18. 均勻修剪身體兩側的飾毛，讓飾毛在肋骨和胸部下面呈現得更為豐厚。均勻修剪前胸下腹部到腹股溝的線條，自然呈現出犬隻腰段的部位。

19. 同樣由上往下使用針梳梳理犬隻的兩隻後腿，再用疏齒梳梳理一遍，同時抬起犬隻的腳輕輕搖動。使用剪刀修剪後臀部的毛，使其與後腿的毛流混合在一起。後腿的部分必須呈現出良好的角度，且應該均勻的修剪到大腿中間的位置。大腿到飛節的部分，只需要梳去廢毛，然後均勻修剪飛節後方的線條。接著圍繞腳部，將腳部的毛流與腿部混合在一起。後腿的內側必須呈現出拱門的形狀。

20. 往前梳理犬隻的眉毛，然後將剪刀指向鼻子，修剪眼睛周邊的毛，讓眼部凸顯出來。將眉毛之間豐沛的毛（流蘇狀毛或是頭頂像是爆炸一樣的毛髮）全部留下，但是將其他不平整的雜毛全數剪除。

21. 將犬隻鬍鬚的部分朝前梳理，並修剪掉雜亂生長或是過長的鬍鬚，使犬隻外表整潔乾淨。

22. 用純鬃毛刷刷理犬隻的毛皮，並噴上蛋白質護毛素收尾，增加毛皮的光澤與香味。

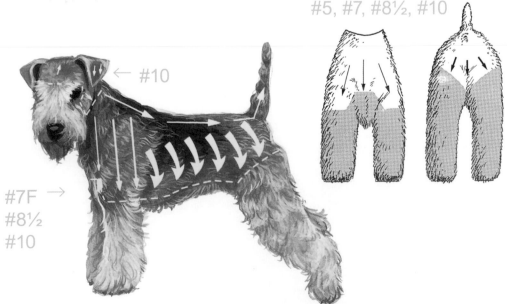

#5, #7, #8½, #10

← #10

#7F →
#8½
#10

美容程序

1. 使用豬鬃梳徹底刷理犬隻皮毛（若是換毛季可以改用柄梳）。

2. 使用耳用藥粉清潔犬隻的耳朵。

3. 使用眼藥水沾濕棉球，擦拭清理犬隻的雙眼。

4. 使用指甲剪修剪犬隻的指甲尖端，注意動作不要急躁。

5. 使用剪刀修剪犬隻吻部的鬍鬚，以及下巴下方、臉的兩側與眼睛上方的毛。【注意：若該犬隻非狗展用犬隻的時候，這個步驟可以選擇性進行。】

6. 將乾棉球放進犬隻的兩隻耳朵之中，避免水跑進耳道，接著清洗犬隻，然後帶到烘毛籠內烘乾。

7. 使用豬鬃梳對犬隻的皮毛做最後的梳整。這種刷面較為硬式的工具，可以營造出明亮的光澤感。

　　蘭開夏赫勒犬可以每八至十個星期安排一次清潔美容。每個星期都要檢查耳朵，有必要的話進行清潔。每個月都要檢查指甲的狀況，有必要的話進行修剪。

蘭開夏
赫勒犬

工具與設備

- 棉球
- 眼藥水（除淚痕液）
- 藥用耳粉
- 指甲剪
- 柄梳
- 直式剪刀
- 豬鬃梳

大木斯德蘭犬

工具與設備

- 棉球
- 眼藥水（除淚痕液）
- 藥用耳粉
- 排梳（疏齒）
- 指甲剪
- Oster A－5電剪／#10 號刀頭
- 直式剪刀
- 針梳
- 打薄剪

美容程序

1. 使用針梳犬隻做全身梳理，梳開毛皮中糾結的部分，並梳去廢毛。特別注意脖子、胸部、大腿與尾巴這幾個部位。

2. 使用藥用耳粉清潔耳朵，並輕輕拔除耳內的雜毛。

3. 使用眼藥水沾濕棉球，擦拭清潔犬隻的眼部。

4. 使用指甲剪修剪犬隻的指甲尖端，注意動作不要急躁。

5. 使用剪刀修剪犬隻吻部的鬍鬚，以及下巴下方、臉的兩側與眼睛上方的毛。【注意：鬍鬚是否需要完全剪除，請交由飼主決定。特別若該犬隻並非狗展犬或狩獵犬等工作犬。】

6. 在 Oster A5 電剪裝上 #10 號刀頭，剃毛犬隻下腹部腹股溝到肚臍的部位，並沿著大腿內側向下剃。

7. 剃除肛門周圍的毛，並特別注意不要讓刀頭直接接觸到皮膚。（每側約 1／2 英吋或是1 公分）。

8. 將乾棉球放進犬隻的兩隻耳朵之中，避免水跑進耳道，接著清洗犬隻，然後帶到烘毛籠內烘乾。

9. 使用剪刀將犬隻腳趾與肉球間的毛修剪乾淨，並沿著腳型修剪邊緣。

10. 使用剪刀或打薄剪，將兩隻前腳沿著腳踝周邊，以及兩隻後腿從飛節處開始，所有沿著腿部生長的雜毛全部修剪乾淨。

11. 使用打薄剪修剪頭頂到臉部，以及耳尖處的雜毛。

12. 全面梳理犬隻的皮毛，移除全部的廢毛。

美容程序

1. 使用針梳犬隻做全身梳理。
2. 使用廢毛梳輕柔梳理犬隻的皮毛。在非換毛季時，不要梳理到底層絨毛，只要用開結梳或廢毛梳，將糾結處的毛梳開，特別是頸部、大腿與尾巴的部位。藉由全面梳理，將犬隻身上的廢毛通通梳掉。
3. 使用藥用耳粉清潔耳朵，並輕輕拔除耳內的雜毛。
4. 使用眼藥水沾濕棉球，擦拭清潔犬隻的眼部。
5. 使用指甲剪將犬隻的指甲尖端剪除，注意動作不要急躁。
6. 使用剪刀修剪犬隻吻部的鬍鬚，以及下巴下方、臉的兩側與眼睛上方的毛。【注意：若該犬種非犬展用犬，鬍鬚是否需要完全剪除，請交由飼主決定。】
7. 將乾棉球放進犬隻的兩隻耳朵之中，避免水跑進耳道，接著清洗犬隻，然後帶到烘毛籠內烘乾。
8. 使用剪刀將犬隻腳趾與肉球間的毛修剪乾淨，並沿著腳型修剪邊緣。
9. 使用剪刀或打薄剪，將兩隻後腿從飛節處開始，沿著腿部將雜毛全部修剪乾淨。
10. 使用扁狀梳與非扁狀梳，全面梳理整個犬隻的毛皮。

　　蘭伯格犬每十至十二個星期可以安排一次清潔美容，而且飼主時常梳理犬隻的被毛，可以增進毛皮的健康與亮澤。每個星期都要檢查耳朵，有必要的話進行清潔。每個月都要檢查指甲的狀況，有必要的話進行修剪。

蘭伯格犬

工具與設備

- 棉球
- 眼藥水（除淚痕液）
- 開結梳
- 藥用耳粉
- 排梳（大齒）
- 廢毛梳
- 指甲剪
- 直式剪刀
- 針梳
- 打薄剪

拉薩犬

工具與設備

- 棉球
- 拆結排梳
- 藥用耳粉
- 排梳（疏齒／密齒）
- 指甲剪
- Oster A－5電剪／#10號刀頭
- 髮圈
- 直式剪刀
- 針梳

美容程序

1. 使用針梳對犬隻的毛皮與尾巴做全面性的梳理，使用拆結排梳將糾結的毛髮梳開。再使用疏齒排梳對犬隻的毛皮做全面性的梳理。

2. 使用藥用耳粉清潔耳朵，並輕輕拔除耳內的雜毛。

3. 使用指甲剪將犬隻的指甲尖端剪除，注意動作不要急躁。

4. 使用濕棉球擦拭犬隻的眼部。若是犬隻有眼睛過度流淚且沾黏的情形，請用剪刀將眼角淚痕剪除。

5. 使用 #10 號刀頭，剃除肛門部位的毛，小心別讓刀頭直接碰到皮膚。

6. 使用 #10 號刀頭，剃毛犬隻下腹部腹股溝到肚臍的部位，並沿著大腿內側向下剃。

7. 將棉球分別放進犬隻的兩隻耳朵，防止水跑進耳道。棉球放置完後，請進行手洗與吹蓬的作業。

8. 使用疏齒排梳，從犬隻的頭頂到尾巴底部，將毛流沿著背線往身體兩側中分。接著分配頭頂到鼻尖的毛流。

9. 全面梳理犬隻整身的毛皮，先以疏齒排梳梳理過一遍，再改用密齒排梳做梳理。

10. 全面梳理尾巴的部位。

11. 剪除肉墊間的雜毛，將腿部的毛髮向下梳順，當狗狗站立的時候，沿著腳型修剪出圓形的視覺效果。

12. 有些飼主喜歡犬隻以有時尚感的馬尾辮子髮髻作為裝飾。要做出這種如沖天辮子的髮髻，需要使用到犬隻頭部從每一隻眼角到相對邊耳朵前角，以及兩耳之間橫越頭頂的毛髮。收攏這些毛髮到犬隻的背部，輕柔且均勻的梳理分開，之後使用髮圈固定。另外一種做法是將其編織成辮子，辮子末端使用髮

圈固定，並在每一個髮圈別上蝴蝶結。

13. 將犬隻整身毛髮與尾巴用密齒排梳做最後的全面梳理。

　　有些犬隻飼主會提供護毛素或類似產品給拉薩犬使用，但是我的經驗告訴我，長期下來，這種做法很容易使犬隻的毛髮變得更加糾結，所以只要使用一罐品質優良的蛋白質洗毛精就夠了。長毛拉薩犬應該每兩至三個星期做一次清潔美容。每個星期都要檢查耳朵，有必要的話進行清潔。清潔美容的同時檢查指甲的狀況。

　　至於喜歡短毛且擁有可愛外觀的飼主，可以參考一般資料裡面提供的泰迪熊型。對於那些喜歡長毛樣式的飼主，即使是炎熱的夏季，也可以藉由打薄底層絨毛的手法，讓犬隻更為舒適。拉薩犬美容、清洗與吹蓬的步驟都相同（參考步驟 1 至 7）。接著使用疏齒排梳，從背部中線大約 1.5 至 2 英吋的位置（4 至 5 公分）將毛髮往下朝兩側分開。然後將頂層的毛髮梳到犬隻身體的另一側（這樣就不用另外空出手來控制毛髮），然後使用打薄剪，以每次約 1 英吋（2.5 公分）的長度慢慢修剪底層絨毛。另一側以同樣的方式進行，同時處理胸部與大腿的部位。將毛髮從背部中線往下分流之後，進行全面的梳理。先以金屬疏齒梳梳理之後，再改用密齒排梳梳理。最後綁上髮髻與修剪腳型，請參考本篇拉薩犬的美容說明進行。

羅秦犬

工具與設備

- 棉球
- 眼藥水（除淚痕液）
- 藥用耳粉
- 排梳（疏齒）
- 廢毛梳
- 指甲剪
- Oster A－5電剪／#10、#15號刀頭
- 直式剪刀
- 針梳
- 打薄剪

美容程序

1. 使用針梳對犬隻做全身梳理，使用廢毛梳將纏繞糾結的部分梳開，最後全面梳理犬隻的皮毛以清除老舊的廢毛。

2. 使用藥用耳粉清潔耳朵，並輕輕拔除耳內的雜毛。

3. 使用眼藥水沾濕棉球擦拭兩眼，這也有助於清除眼睛下方與周圍的任何汙垢。若是犬隻有眼睛過度流淚且沾黏的情形，請用剪刀將眼角淚痕剪除。

4. 使用指甲剪將犬隻的指甲尖端剪除，注意動作不要急躁。

5. 使用 Oster A － 5 電剪與 #10 號刀頭，剃毛犬隻下腹部腹股溝到肚臍的部位，並沿著大腿內側向下剃。

6. 剃去肛門部位的毛，小心別讓刀頭直接碰到皮膚（每側距離約 1 ／ 2 英吋或 1 公分）。

7. 使用 Oster A － 5 電剪與 #15 號刀頭，剃除腳部的毛。先剃除腳掌肉球之間的剃毛，接者從剛剃乾淨的最大塊的肉球處開始往上剃，這條修毛線將會成為整個腿部推剪時的基準。請確認腳趾與腳趾間沒有遺留任何雜毛。

8. 使用 #15 號刀頭電剪，從前腿肘部將毛剃到膝蓋以上。

9. 在後腿的前方（約 3 ／ 4 英吋或 2 公分的位置）劃出推剪線。剃除犬隻下腹部後段的毛，沿著身體向上，繞過背部，將另一側也剃除。

10. 剃除犬隻後半部的毛，從臀部往下剃到整個後腿的飛節處為止。

11. 將尾巴基部約一半長度的毛剃掉，保留尾巴尖端類似飾毛的羽狀毛。

12. 藉由梳理犬隻全身的皮毛，梳掉多餘的廢毛。

13. 將乾棉球分別放進犬隻的兩隻耳朵裡（這樣

可以避免水跑進耳道）。清洗犬隻與吹蓬，並使用針梳向上梳理毛流。

14. 同前述步驟一樣使用電剪（#15 號刀頭），再次劃出推剪線進行推剪。這個步驟請順著犬隻的毛流紋理進行，以呈現出整潔、鮮明的外觀。

15. 向下梳理腳踝處的毛髮，並進行垂直修剪。使用打薄剪將毛流交雜融進修剪區（也就是前腿腳踝處與後腿飛節處的毛）。

16. 梳理尾部的羽狀毛，然後使用剪刀或打薄剪修剪尾端。

17. 使用剪刀修剪毛群邊緣的雜毛。

18. 抖鬆身體的毛，並使用打薄剪將體表的雜毛修除。

19. 向下梳理胸部與腹部的流蘇狀毛，使用剪刀或打薄剪修剪下邊緣的毛。

20. 使用打薄剪修剪頭部、雙耳、臉部與胸部的雜毛。

21. 梳理犬隻全身與蓬蓬毛的部分，以除去多餘的廢毛。需要修剪的部位再進行一次修剪，特別是腳踝周邊。

　　羅秦犬也被稱為小獅子犬，每六至八個星期應該安排一次清潔美容。每個星期都要檢查耳朵，有必要的話進行清潔，並在清潔美容時檢查與修剪指甲。【注意事項：在洗澡前要先依照毛流位置剃掉推剪區塊的毛，之後再依照毛流紋理做整理。】

瑪爾濟斯

工具與設備

- 棉球
- 眼藥水（除淚痕液）
- 拆結排梳
- 藥用耳粉
- 排梳（疏齒／密齒）
- 指甲剪
- Oster A−5電剪／#10 號刀頭
- 髮圈
- 直式剪刀
- 針梳

美容程序

1. 從頭部開始，使用針梳做全身到尾部的梳理，配合使用拆結排梳將糾結的地方梳開。最後再用疏齒排梳做全面性的梳理。

2. 從頭部開始，使用針梳做全身到尾部的梳理，配合使用開結梳將糾結的地方梳開。最後再用金屬疏齒梳做全面性的梳理。

3. 使用指甲剪將犬隻的指甲尖端剪除，注意動作不要急躁。

4. 使用眼藥水沾濕棉球，擦拭清潔犬隻的眼部。若是犬隻有眼睛過度流淚且沾黏的情形，請用剪刀將眼角淚痕剪除。

5. 使用 #10 號刀頭電剪剃去肛門部位的毛，小心別讓刀頭直接碰到皮膚（每側距離約 1／2 英吋或 1 公分）。

6. 使用 #10 號刀頭電剪，剃毛犬隻下腹部腹股溝到肚臍的部位，並沿著大腿內側向下剃。

7. 將乾棉球分別放進犬隻的兩隻耳朵裡（這樣可以避免水跑進耳道）。清洗犬隻並進行吹蓬。

8. 使用疏齒排梳，從犬隻的頭頂到尾巴底部，將毛流沿著背線往身體兩側中分。接著分配頭頂到鼻尖的毛流，然後將毛流往下梳順。也可以使用犬隻頭部從每一隻眼角到相對邊耳朵前角，以及兩耳之間橫越頭頂的毛髮，將其均勻地往後梳理，使用髮圈固定並上髮夾。

9. 修剪肉球間的雜毛，將腿部的毛往下梳順，並讓犬隻穩定站立，修剪腿部邊緣的毛，使其呈現出圓柱的樣貌。

10. 使用密齒排梳將犬隻全身的毛流都往下梳順。

有些美容師會提供護毛素或類似產品給馬爾濟斯使用，但是我的經驗告訴我，長期下來，這種做法很容易使犬隻的毛髮變得更加糾結，所以只要使用一罐品質優良的蛋白質洗毛精就夠了。長毛馬爾濟斯應該每四個星期做一次清潔美容。飼主應該定期使用扁狀梳與非扁狀梳，幫犬隻做全身的梳理，避免毛髮變得雜亂與糾結。每個星期都要檢查耳朵，有必要的話進行清潔。清潔美容的同時檢查指甲的狀況。

至於喜歡短毛、好整理且擁有可愛外觀的飼主，可以參考一般資料裡面提供的泰迪熊型。

犬隻品種美容

曼徹斯特㹴

工具與設備

- 棉球
- 洗耳液
- 藥用耳粉
- 貂油噴霧
- 指甲剪
- 純豬鬃毛刷
- 橡膠梳
- 直式剪刀
- 無刺激蛋白洗毛精

美容程序

1. 先使用橡膠梳對犬隻做全身刷理，再使用純鬃毛刷做全面性的刷理。

2. 用洗耳液沾濕棉球擦拭耳朵，這樣可以去除耳朵汙垢，避免發出異味。接著使用乾燥的棉球擦拭，並在犬隻耳朵撒上藥用耳粉。

3. 用洗耳液沾濕棉球擦拭耳朵，這樣可以去除耳朵汙垢，避免發出異味。接著使用乾燥的棉球擦拭，並在犬隻耳朵撒上藥用耳粉。

4. 檢查肉球與腳底是否有扎到木刺或沾到柏油等等。

5. 使用無刺激蛋白洗毛精清洗犬隻，這種洗毛精是偏中性的。

6. 使用烘毛籠將犬隻的毛皮烘到微濕，然後帶到美容檯，使用吹風機與純鬃毛刷做收尾。

7. 可以使用剪刀剪掉鬍鬚來突顯臉型，但這非必要步驟。

8. 最後噴上貂油，營造出明亮的光澤感，並用純鬃毛刷做全面梳理。

美容程序

1. 先使用橡膠梳對犬隻做全身刷理，再使用純鬃毛刷做全面性的刷理。

2. 用洗耳液沾濕棉球擦拭耳朵，這樣可以去除耳朵汙垢，避免發出異味。接著使用乾燥的棉球擦拭，並在犬隻耳朵撒上藥用耳粉。

3. 使用圓洞式指甲剪修剪犬隻的指甲，每個月都應該要修剪一次。

4. 檢查肉球與腳底是否有扎到木刺或沾到柏油等等。

5. 使用無刺激蛋白洗毛精清洗犬隻，這種洗毛精是偏中性的。

6. 使用烘毛籠將犬隻的毛皮烘到微濕，然後帶到美容檯，使用吹風機與純鬃毛刷做收尾。

7. 可以使用剪刀剪掉鬍鬚來突顯臉型，但這非必要步驟。

8. 最後噴上貂油，營造出明亮的光澤感，並用純鬃毛刷做全面梳理。

曼徹斯特玩具狸

工具與設備

- 棉球
- 洗耳液
- 藥用耳粉
- 貂油噴霧
- 指甲剪
- 純豬鬃毛刷
- 橡膠梳
- 直式剪刀
- 無刺激蛋白洗毛精

馬瑞馬
牧羊犬

工具與設備

- 棉球
- 眼藥水（除淚痕液）
- 開結梳
- 藥用耳粉
- 排梳（大齒）
- 廢毛梳
- 指甲剪
- 直式剪刀
- 洗毛精（增白配方）
- 針梳
- 打薄剪

美容程序

1. 使用針梳犬隻做全身梳理，特別注意脖子、大腿與尾巴這三個部位。

2. 使用廢毛梳，輕柔梳理犬隻的皮毛。在非換毛季時，不要梳理到底層絨毛，只要用廢毛梳或開結梳，將糾結處的毛梳開。藉由全面梳理，將犬隻身上的廢毛通通梳掉，並確認糾結的部分都有處理到。

3. 使用藥用耳粉清潔耳朵。

4. 使用眼藥水沾濕棉球擦拭兩眼，這也有助於清除眼睛下方與周圍的任何汙垢。

5. 使用指甲剪將犬隻的指甲尖端剪除，注意動作不要急躁。

6. 使用剪刀修剪犬隻吻部的鬍鬚，以及下巴下方、臉的兩側與眼睛上方的毛。【注意：若該犬隻非犬展用犬，則剪除鬍鬚為非必要步驟。】

7. 將乾棉球分別放進犬隻的兩隻耳朵內，避免水跑進耳道。使用增白洗毛精清洗犬隻，然後使用烘乾籠或吹蓬。

8. 使用剪刀修剪肉球與腳趾間的雜毛，並沿著腿型修剪腿部外觀，呈現出整齊俐落的樣貌。

9. 使用打薄剪，將後腿飛節以下，以及前腳肘關節周圍的任何雜毛修剪乾淨。

10. 全面且徹底地梳刷整理犬隻的毛皮。

　　馬瑞馬牧羊犬每十至十二個星期就應該安排一次清潔美容。飼主時常梳理犬隻的被毛，可以增進毛皮的健康，減少底層絨毛糾結纏繞。每個星期都要檢查耳朵，有必要的話進行清潔。每個月都要檢查指甲的狀況，有必要的話進行修剪。

美容程序

1. 先使用橡膠梳對犬隻做全身刷理，再使用純鬃毛刷做全面性的刷理。

2. 用洗耳液沾濕棉球擦拭耳朵，這樣可以去除耳朵汙垢，避免發出異味。接著使用乾燥的棉球擦拭，並在犬隻耳朵撒上藥用耳粉。

3. 使用圓洞式指甲剪修剪犬隻的指甲，每個月都應該要修剪一次。

4. 檢查肉球與腳底是否有扎到木刺或沾到柏油等等。

5. 使用沾水濕潤的棉球擦拭犬隻眼角內側，用棉球搭配除淚痕液去除犬隻眼睛周圍的髒汙與淚痕。

6. 使用沾水濕潤的棉球清潔犬隻臉上的皺褶，之後擦乾並撒上爽身粉。

7. 使用無刺激蛋白洗毛精清洗犬隻，這種洗毛精是偏鹼性的，可以使毛髮豐富增生，並重組受損的部分。

8. 使用烘毛籠將毛烘到微濕，帶到美容桌上用吹風機與純鬃毛刷做收尾。

9. 可以使用剪刀剪掉鬍鬚以突顯臉型（非必要步驟）。

10. 最後噴上貂油，營造出明亮的光澤感，並用純鬃毛刷做全面梳理。

英國獒犬

工具與設備

- 嬰兒用或一般爽身粉
- 棉球
- 洗耳液
- 淚痕清潔液
- 藥用耳粉
- 貂油噴霧
- 指甲剪（巨型犬專用）
- 純豬鬃毛刷
- 橡膠梳
- 直式剪刀
- 無刺激蛋白洗毛精
- 打薄剪

迷你品犬

美容程序

1. 先使用橡膠梳對犬隻做全身刷理，再使用純鬃毛刷做全面性的刷理。

2. 用洗耳液沾濕棉球擦拭耳朵，這樣可以去除耳朵汙垢，避免發出異味。接著使用乾燥的棉球擦拭，並在犬隻耳朵撒上藥用耳粉。

3. 指甲每個月都應該要使用圓洞式指甲剪修剪一次。

4. 檢查肉球與腳底是否有扎到木刺或沾到柏油等等。

5. 使用無刺激蛋白洗毛精清洗犬隻，這種洗毛精是偏鹼性的，可以使毛髮豐富增生，並重組受損的部分。

6. 使用烘毛籠將犬隻的毛皮烘到微濕，然後帶到美容檯，使用吹風機與純鬃毛刷做收尾。

7. 使用烘毛籠將犬隻的毛皮烘到微濕，然後帶到美容檯，使用吹風機與純鬃毛刷做收尾。

8. 使用細齒的打薄剪，修剪前後腿背側的長毛，以及頸部側面的長毛。使用一般剪刀剪掉耳朵內的雜毛。

9. 最後噴上貂油，營造出明亮的光澤感，並用純鬃毛刷做全面梳理。

美容程序

1. 在清洗前先對外觀做粗略的推剪。從身體開始，使用 # 8½ 號或 #10 號刀頭電剪，將電剪從枕骨（即頭骨頂部）沿著頸部兩側向下推剪，繼續向下到肘部，以及推剪肩部與胸部。自始至終都要注意順著毛流進行推剪。接著繼續沿著身體兩側推剪到下腹部，最後留下一些「劉海」，稍後再用剪刀修剪。

2. 使用相同的刀片，完成身體、尾部以及兩隻後腿的均勻體態修飾，最後停在後腿飛節上方約 2 英吋（5 公分）的地方，將後膝關節的飾毛留下。圍著尾巴推剪，並推剪尾巴下方的區塊，往下移動電剪以推剪肛門的區塊。請將動作放輕，並保持注意力，避免犬隻遭到電剪燙傷。千萬不要在胸部或身體後側留下「圍裙邊」的毛流外觀。

3. 從眉毛上方往顱骨頂端推剪頭部的毛。接著換上身體專用的刀片，推剪兩頰與喉嚨的毛。最後換上 #15 號刀頭推剪兩隻耳朵的裡裡外外。再次提醒，這些地方對犬隻來說比較敏感，務必要特別注意避免發生電剪燙傷。

4. 握住犬隻的前腿，將身體抬起。用 #15 號刀頭清理腹部到肚臍，身體後半部以及大腿內側往下約三分之一的範圍。留下腹部與後膝關節的流蘇狀毛。

5. 清洗犬隻，完畢之後披上毛巾，用擠壓的方式吸走犬隻毛皮裡多餘的水分。趁著犬隻的身體還有點溼的時侯，梳理犬隻的腿部與鬍鬚，若有必要可以配合使用拆結專用護毛素。這時也要趁著指甲吸水軟化的機會做修剪。

6. 進行手吹吹蓬的作業，同時柄梳在犬隻的腿上，以往上往外的梳理手法，使其蓬鬆。

迷你雪納瑞

工具與設備

- 拆結專用護毛素
- 洗耳液
- 排梳
- 指甲剪
- Oster A－5電剪／# 8 、#10、#15號刀頭
- 柄梳
- 直式剪刀，固定修剪直線條
- 直式剪刀，修理細毛的短頭剪

迷你雪納瑞

接著柄梳以往下的方式梳整眉毛與鬍鬚。烘乾的作業可以在籠子內完成。

7. 現在可以開始修剪迷你雪納瑞了，第一步先做頭部的修剪。將犬隻的眉毛與鬍鬚向下向前梳開，斜握剪刀，將尖端朝向耳朵的根部，將兩塊眉毛的中間剪成鑽石型。使用鈍頭剪刀、耳鉗與洗耳液，清除犬隻耳朵內部的雜毛，同時進行清潔，然後沿著兩隻耳朵的輪廓進行修剪。迷你雪納瑞的頭型應該是有角度的矩形，千萬不能修剪成圓形。最後修剪兩支前腿中間，下胸部的位置，使其儘量光華平順。

8. 使犬隻腿部的毛髮蓬鬆，並向上梳理。修剪靠近身體的兩個肘部位置。往下修剪兩隻前腿，使其外型看起來像是理髮店的招牌旋轉燈。後腿的部分，將後膝關節以上的位置修剪成圓弧狀，飛節則要修剪得很勻稱。修剪腳底肉球上的雜毛，然後沿著腳掌邊緣做修剪，注意不要剪掉腳趾間的毛，儘量讓腿部呈現直立的樣貌。

9. 順著犬隻的體型修剪下腹部的流蘇狀毛，長度不要超過1或2英吋（2.5或5公分）。

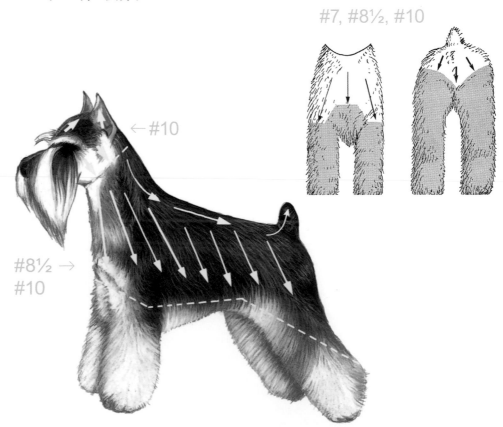

#7, #8½, #10

← #10

#8½ →
#10

美容程序

1. 使用豬鬃梳，加重力道對犬隻做全身梳理。

2. 使用藥用耳粉清潔耳朵。

3. 使用眼藥水沾濕棉球擦拭兩眼，這也有助於清除眼睛下方與周圍的任何汙垢。

4. 使用指甲剪將犬隻的指甲尖端剪除，注意動作不要急躁。

5. 使用濕棉球清潔犬隻嘴唇的內側，確實清除任何殘留的食物殘渣。

6. 使用剪刀修剪犬隻吻部的鬍鬚，以及項圈下方、臉的兩側與眼睛上方的毛。【注意：若是該犬隻非犬展用犬時，鬍鬚是否需要剪除，請交由飼主決定。】

7. 在犬隻的兩隻耳朵裡分別塞進乾棉球（這樣可以防止水跑進耳道），清洗犬隻，然後帶進烘毛籠內烘乾。

8. 使用眼藥水沾濕棉球，徹底清潔臉上與頭部的皺褶，乾燥之後撒上藥用爽身粉。可以特別提醒犬隻的飼主，若願意每天執行這個步驟，除了可以保持皺褶處的清潔之外，更可以預防疼痛與感染。

9. 將幾滴羊毛脂護毛劑滴在你的手掌上，輕輕搓揉開，並用按摩的方式塗抹在犬隻的毛皮上。

10. 用豬鬃梳輕柔刷整犬隻的毛皮，讓護毛劑能很好的均勻沾於毛皮上。接著使用麂皮布在犬隻的毛皮上擦拭拋光，讓毛皮看起來亮麗有色。

　　如果飼主會勤加幫紐波利頓犬刷牙，那該犬種不大需要安排美容清潔。為了增進毛皮的健康與亮澤，每個月都要使用羊毛脂護毛劑保養，甚至可以依照需求多增加幾次保養。每個星期都要檢查耳朵，有必要的話進行清潔。每個月都要檢查指甲的狀況，有必要的話進行修剪。

紐波利頓犬

工具與設備

- 麂皮布
- 棉球
- 眼藥水（除淚痕液）
- 羊毛脂護毛劑
- 藥用耳粉
- 藥用爽身粉
- 指甲剪
- 直式剪刀
- 豬鬃梳

紐芬蘭犬

工具與設備

- 棉球
- 洗耳液
- 吹水機
- 長毛犬種專用拆結牙梳
  （#565號）
- 藥用耳粉
- 指甲剪（巨型犬專用）
- Oster A－5電剪／#10
  號刀頭
- 柄梳
- 蛋白質護毛素
- 直式剪刀
- 針梳
- 鋼梳（密齒／疏齒）
- 無刺激蛋白洗毛精
- 打薄剪

美容程序

1. 將蛋白質護毛素全面噴灑在犬隻的毛皮上，可以增進犬隻毛皮生長，同時修護分叉。使用柄梳全面梳理犬隻的毛皮，將毛皮梳開梳散與梳掉底層絨毛中的廢毛。從犬隻的後半身，即裙襬狀毛的底部開始美容，以分層的方式，在梳理的同時，用另一隻手將犬隻的毛皮向上撥起，避免阻擋到梳理部位的視線。從背部到頸部，全面梳理整個犬隻。接著使用針梳做全面性的梳理，將毛皮表面的廢毛都梳理乾淨。梳理時可以多用些力氣。在這個步驟清除的廢毛愈多，之後清潔美容時要處理與烘乾的毛量就愈少。

2. 用洗耳液沾濕棉球擦拭耳朵，這樣可以去除耳朵汙垢，避免發出異味。接著使用乾燥的棉球擦拭，並在犬隻耳朵撒上藥用耳粉。

3. 使用圓洞式指甲剪修剪犬隻的指甲，每個月都應該要修剪一次。

4. 使用無刺激蛋白洗毛精清洗犬隻，這種洗毛精是偏鹼性的，可以使毛髮豐富增生，並重組受損的部分。

5. 在犬隻還在清洗槽時，使用吹水機把犬隻身上多餘的水分吹除。這能加快烘乾時間並避免毛皮過度乾燥。使用烘毛籠，直到犬隻的毛皮呈現微濕的狀態時，帶出烘毛籠，在美容桌上，以吹風機和柄梳將犬隻的毛流梳順，並梳去廢毛。最後用鋼梳做全面梳理，特別要注意耳部後方的細毛。這些區塊要使用細齒的梳子進行梳理。

6. 將任何生長到肛門部位的長毛都剪掉，請確認肛門的區域是乾淨的。接著使用 #10 號刀頭電剪，從尾巴下方往下推剪，這樣就不會沾染到穢物。

7. 檢查肉球與腳底是否有扎到木刺或沾到柏油等等。將腳底與肉球之間的雜毛修剪乾淨。將腳掌周圍會與地面接觸到的毛都剪掉，並將腿部修剪整齊。最後使用打薄剪修整腳趾間長出的毛。

8. 鬍鬚的部分可以進行修剪以突顯臉型，但這非必要步驟。

9. 幫犬隻噴上蛋白質護毛素收尾，增加毛皮的光澤與香味。

犬隻品種美容

諾福克㹴

美容程序

1. 使用純豬鬃毛刷刷理，然後做全面性的梳理。

2. 用洗耳液沾濕棉球擦拭耳朵，這樣可以去除耳朵汙垢，避免發出異味。接著使用乾燥的棉球擦拭，並在犬隻耳朵撒上藥用耳粉。

3. 使用圓洞式指甲剪修剪犬隻的指甲，每個月都應該要修剪一次。

4. 檢查肉球與腳底是否有扎到木刺或沾到柏油等等。將腳底與肉球之間的雜毛修剪乾淨。使用打薄剪將腳掌周圍會與地面接觸到的毛都剪掉，並修剪腳趾間長出的毛。

5. 使用㹴犬專用不流淚配方洗毛精清洗犬隻，提升毛皮的質感。

6. 帶進烘毛籠內烘到微濕，然後帶到美容桌上使用吹風機與純鬃毛刷做最後的整理。

7. 使用鋼梳梳理。

8. 使用你的拇指與食指，將耳朵外側的廢毛拔除。

9. 使用細齒刮刀，修掉將頭頂的雜毛。

10. 向前梳理眉毛，並將鬍鬚向下梳理。

11. 使用疏齒的刮刀，將尾部的雜毛刮除或修掉。

12. 修剪肛門周圍的雜毛。

13. 在純鬃毛刷噴上蛋白質護毛素，然後均勻塗刷在犬隻的毛皮上，增加毛皮的光澤與香味。

美容程序

1. 使用針梳對犬隻做全身梳理，包含尾巴。

2. 使用廢毛梳，輕柔梳理犬隻的皮毛。在非換毛季時，不要梳理到底層絨毛，只要用廢毛梳將糾結處的毛梳開，特別注意頸部、大腿與尾巴這三個部位。藉由全面梳理，將犬隻身上的廢毛通通梳掉，並確認糾結的部分都有處理到。

3. 使用藥用耳粉清潔耳朵，並輕輕拔除耳內的雜毛。

4. 使用眼藥水沾濕棉球擦拭兩眼，這也有助於清除眼睛周圍的任何汙垢。

5. 使用指甲剪將犬隻的指甲尖端剪除，注意動作不要急躁。

6. 使用剪刀修剪犬隻吻部的鬍鬚，以及下巴下方、臉的兩側與眼睛上方的毛。【注意：若該犬隻非犬展用犬，則剪除鬍鬚非必要步驟。】

7. 將乾棉球分別塞進犬隻的兩隻耳朵內（這樣做可以避免水跑進耳道），接著清洗犬隻並帶進烘毛籠內烘乾。

8. 使用剪刀修剪肉球與腳趾間的雜毛，並沿著腿型修剪腿部外觀，呈現出整齊俐落的樣貌。

9. 使用打薄剪，將後腿飛節以下，以及前腳肘關節周圍的任何雜毛修剪乾淨。

10. 全面且徹底地梳刷整理犬隻的毛皮。

挪威布哈德犬建議每十至十二個星期做一次清潔美容。飼主時常梳理犬隻的被毛，可以增進毛皮的健康與亮澤，同時減少糾結的情況發生。每個星期都要檢查耳朵，有必要的話進行清潔。每個月都要檢查指甲的狀況，有必要的話進行修剪。

挪威布哈德犬

工具與設備

- 棉球
- 眼藥水（除淚痕液）
- 藥用耳粉
- 排梳（大齒）
- 廢毛梳
- 指甲剪
- 直式剪刀
- 針梳
- 打薄剪

挪威
獵麋犬

工具與設備

- 梳子（密齒／疏齒）
- 棉球
- 洗耳液
- 吹水機
- 藥用耳粉
- 指甲剪
- 柄梳
- 蛋白質護毛素
- 純豬鬃毛刷
- 直式剪刀
- 針梳
- 無刺激蛋白洗毛精
- 打薄剪
- 底層毛梳

美容程序

1. 將蛋白質護毛素全面噴灑在犬隻的毛皮上，可以增進犬隻毛皮生長，同時修護分叉。使用底層毛梳全面梳理犬隻的毛皮，將毛皮梳開梳散與梳掉底層絨毛中的廢毛。從犬隻的後半身，即裙襬狀毛的底部開始美容，以分層的方式，在梳理的同時，用另一隻手將犬隻的毛皮向上撥起，避免阻擋到梳理部位的視線。從背部到頸部，全面梳理整個犬隻。接著使用針梳做全面性的梳理，將毛皮表面的廢毛都梳理乾淨。梳理時可以多用些力氣。在這個步驟清除的廢毛愈多，之後清潔美容時要處理與烘乾的毛量就愈少。

2. 用洗耳液沾濕棉球擦拭耳朵，這樣可以去除耳朵汙垢，避免發出異味。接著使用乾燥的棉球擦拭，並在犬隻耳朵撒上藥用耳粉。

3. 使用圓洞式指甲剪修剪犬隻的指甲，每個月都應該要修剪一次。

4. 檢查肉球與腳底是否有扎到木刺或沾到柏油等等。將腳底與肉球之間的雜毛修剪乾淨。使用打薄剪將腳掌周圍會與地面接觸到的毛都剪掉，並修剪腳趾間長出的毛。

5. 使用無刺激蛋白洗毛精清洗犬隻，這種洗毛精是偏鹼性的，可以使毛髮豐富增生，並重組受損的部分。

6. 在犬隻還在清洗槽時，使用吹水機把犬隻身上多餘的水分吹除。這能加快烘乾時間並避免毛皮過度乾燥。使用烘毛籠，直到犬隻的毛皮呈現微濕的狀態時，帶出烘毛籠，在美容桌上，以吹風機和柄梳將犬隻的毛流梳順，並梳去廢毛。

7. 全面刷理犬隻的毛皮，並使用吹風機定型與分開毛流。請確定在刷理時有刷到皮膚。接著使用疏齒排梳對犬隻進行全面性的梳理，耳朵後面比較柔軟的毛則需使用密齒排梳來梳理。

美容程序

1. 使用豬鬃梳對犬隻做全面性的刷理，然後全身梳過一遍，將所有糾結與散落的廢毛梳掉。

2. 使用藥用耳粉清潔耳朵，並輕輕拔除耳內的雜毛。

3. 使用眼藥水沾濕棉球擦拭兩眼，這也有助於清除眼睛周圍的任何汙垢。

4. 使用指甲剪將犬隻的指甲尖端剪除，注意動作不要急躁。

5. 在 Oster A5 電剪裝上 #10 號刀頭，剃除肛門周圍的毛，並特別注意不要讓刀頭直接接觸到皮膚。（每側約 1／2 英吋或是 1 公分）。

6. 剃毛犬隻下腹部腹股溝到肚臍的部位，並沿著大腿內側向下剃。

7. 使用 #15 號刀頭電剪，剃毛耳朵基部到耳尖兩側。

8. 將乾棉球塞進犬隻兩隻耳朵內側，避免水跑進耳道，清洗犬隻並帶到烘毛籠內烘乾。

9. 使用豬鬃梳對犬隻做全面性的刷理。

10. 用剪刀沿著耳朵邊緣修剪耳型。

11. 使用剪刀修剪肉球間的雜毛。讓犬隻穩定站立，順著腿型修剪腿部邊緣的毛，使其呈現整潔的樣貌。

12. 使用打薄剪，修剪肩膀與身體上的雜毛，呈現出整潔的樣貌。胸部的毛量要看起來很豐沛。

13. 使用打薄剪修剪後臀部，使其看起來美觀圓潤，成斜線狀往身體的最後方延伸。

14. 使用剪刀修剪尾部，呈現出底部寬，逐漸往尾端變尖細的樣貌。

15. 最後再一次全面梳刷整理犬隻全身的毛。

　　挪利其㹴建議每六至八個星期做一次清潔美容。每個星期都要檢查耳朵，有必要的話進行清潔。每個月都要檢查指甲的狀況，有必要的話進行修剪。

挪利其㹴

工具與設備

- 棉球
- 眼藥水（除淚痕液）
- 藥用耳粉
- 排梳（疏齒）
- 指甲剪
- Oster A－5 電剪／#10、#15 號刀頭
- 直式剪刀
- 豬鬃梳
- 打薄剪

英國
古代牧羊犬

工具與設備

- 棉球
- 眼藥水（除淚痕液）
- 開結梳
- 排梳（疏齒）
- 指甲剪
- Oster A－5電剪／#10
  號刀頭
- 直式剪刀
- 針梳
- 打薄剪

美容程序

1. 從頭部開始，使用針梳對犬隻做全面性的梳理。使用開結梳將糾結的毛梳開。完整梳理犬隻的身體，將脫毛全部梳掉。如果犬隻毛髮的糾結非常嚴重，可以從腳部開始，分區往上梳理。至於身體的部分，由後半部到前半部以同樣的方式進行就可以。

2. 用藥用耳粉清潔耳朵，並輕輕拔除耳內的雜毛。

3. 使用眼藥水沾濕棉球擦拭兩眼，這也有助於清除眼睛周圍的任何汙垢。

4. 使用指甲剪將犬隻的指甲尖端剪除，注意動作不要急躁。

5. 使用 #10 號刀頭電剪，剃除肛門周圍的毛，並特別注意不要讓刀頭直接接觸到皮膚。（每側約 1／2 英吋或是 1 公分）。

6. 剃毛犬隻下腹部腹股溝到肚臍的部位，並沿著大腿內側向下剃。

7. 將乾棉球塞進犬隻兩隻耳朵內側，避免水跑進耳道，接著就可以開始清洗犬隻。清洗完畢請帶到烘毛籠內烘乾多餘的水分。

8. 將犬隻搬到美容桌上，使用吹風機與針梳完成吹整。

9. 使用剪刀修剪肉球間的雜毛。讓犬隻穩定站立，順著腿型修剪腿部邊緣的毛，使其呈現整潔的樣貌。

10. 使用打薄剪修剪後臀部，使其看起來美觀圓潤，成斜線狀往身體的最後方延伸。

11. 刷理犬隻體表的毛，使其看起來豐厚蓬鬆，腿部的毛則往下梳理。

　　古代牧羊犬建議每三至四個星期做一次清潔美容。飼主時常梳理犬隻的被毛，可以增進毛皮的健康，減少糾結。每個星期都要檢查耳朵，有必要的話進行清潔。清潔美容的同時檢查指甲狀況與修剪。

美容程序

1. 從頭部開始，使用針梳對犬隻做全面性的梳理，包含尾巴。使用開結梳處理所有糾結纏繞的部分。最後再做完整的梳理以梳去廢毛。

2. 使用藥用耳粉清潔耳朵，並輕輕拔除耳內的雜毛。

3. 使用眼藥水沾濕棉球擦拭兩眼，這也有助於清除眼睛周圍的任何汙垢。

4. 使用指甲剪將犬隻的指甲尖端剪除，注意動作不要急躁。

5. 使用 #10 號刀頭電剪，剃除肛門周圍的毛，並特別注意不要讓刀頭直接接觸到皮膚。（每側約 1／2 英吋或是 1 公分）。

6. 使用 #10 號刀頭電剪，剃毛犬隻下腹部腹股溝到肚臍的部位，並沿著大腿內側向下剃。

7. 將乾棉球分別塞進犬隻的兩隻耳朵（這樣做可以防止水跑進耳道），接著進行清洗，完畢之後可以使用烘毛籠烘乾，或是選擇手吹吹蓬。

8. 對犬隻身體做全面的梳刷整理。

9. 使用打薄剪將犬隻頭部的雜毛修剪乾淨，眉毛的部分要留下豐沛的毛量。

10. 使用打薄剪，將犬隻背部毛尖突出的雜毛修掉，呈現出平整的樣貌。

11. 使用剪刀，按照耳型的邊緣做修剪，讓邊緣呈現出勻稱的流蘇狀毛。

12. 剪去鬍鬚的邊緣，呈現出方正的效果。

13. 使用剪刀修剪肉球間的雜毛。讓犬隻穩定站立，順著腿型修剪腿部邊緣的毛，使其呈現整潔的樣貌。

14. 從身體到尾巴，對犬隻進行全面性的梳理，以梳去所有的廢毛。

　　奧達獵犬建議每六至八個星期做一次清潔美容。飼主時常梳理犬隻的被毛，可以增進毛皮的健康，減少糾結。每個星期都要檢查耳朵，有必要的話進行清潔。每個月都要檢查指甲的狀況，有必要的話進行修剪。

奧達獵犬

工具與設備

- 棉球
- 眼藥水（除淚痕液）
- 開結梳
- 藥用耳粉
- 排梳（大齒）
- 指甲剪
- Oster A－5電剪／#10 號刀頭
- 直式剪刀
- 針梳
- 打薄剪

蝴蝶犬

美容程序

1. 先修剪指甲，只剪去最前端的部分，避免動作太過急躁。如果流血了，可以用止血粉來止血。粗糙的部分用銼刀打磨圓滑。

2. 將棉球以洗耳液沾濕，將兩耳內所有的汙垢與耳蠟擦拭乾淨。

3. 使用針梳對犬隻做全面性的梳理，以梳去所有的糾結與髒汙。

4. 使用你選擇的洗毛精清洗犬隻，要徹底沖洗乾淨。可以使用護毛素來減少靜電產生，並使毛髮柔滑平順。

5. 使用毛巾吸乾水分到微濕的狀態，然後使用吹風機做最後的吹整。在吹乾的同時，朝向毛流的生長方向梳理，讓毛髮柔順下垂。

6. 使用直式剪刀，剪掉腳底與肉球間的毛，如果有必要，且該犬隻非犬展用犬的話，可以將四隻腳的腳趾間長出的毛修剪掉。

7. 對犬隻的毛髮做完整的梳理，確保所有糾纏打結的部分都有妥善的處理過。可以在毛髮上輕輕噴灑護毛素，幫助減少毛髮飛散的機會。

　　蝴蝶犬建議每六至八個星期做一次清潔美容。

美容程序

1. 使用針梳對犬隻做全身梳理，從頭部開始並往下朝背部進行。使用拆結排梳將糾結纏繞的部分梳開。在梳理腿部的區域時，從足底開始往上進行。最後使用排梳做完整的梳理。

2. 使用藥用耳粉清潔耳朵，並輕輕拔除耳內的雜毛。

3. 使用指甲剪將犬隻的指甲尖端剪除，注意動作不要急躁。

4. 使用眼藥水沾濕棉球，擦拭清潔犬隻的眼部。若是犬隻有眼睛過度流淚且沾黏的情形，請用剪刀將眼角淚痕剪除。

5. 使用濕棉球將臉上的皺紋處都清理乾淨，每天在皺紋處上些眼藥水或是藥用爽身粉，可以使這些部位保持乾燥，並且有效預防感染與疼痛發生。

6. 使用 #10 號刀頭電剪，剃除肛門周圍的毛，並特別注意不要讓刀頭直接接觸到皮膚。（每側約 1／2 英吋或是 1 公分）。

7. 使用 #10 號刀頭電剪，剃毛犬隻下腹部腹股溝到肚臍的部位，並沿著大腿內側向下剃。

8. 在犬隻的雙耳內塞入乾棉球（這樣可以防止水跑進耳道），然後清洗犬隻並用毛巾吸乾水分。

9. 將犬隻帶到美容桌上，使用針梳進行手吹吹蓬。以往上梳理的方式處理犬隻的毛皮，以得到更加豐滿厚實的外觀呈現。

10. 使用剪刀將犬隻腳趾與肉球間的毛修剪乾淨，並沿著腳型將毛髮修剪整齊。

11. 使用排梳梳理尾部，沿著中線將毛流朝下分邊，並讓其自然散落在犬隻的背部。

　　獅子狗可以依照其毛量的豐沛感來決定清潔美容的週期，大約是六至八個星期安排一次清潔美容。飼主應該每天都要幫犬隻做梳理。

工具與設備

- 棉球
- 眼藥水（除淚痕液）
- 拆結排梳（疏齒）
- 藥用耳粉
- 藥用爽身粉
- 指甲剪
- Oster A－5電剪／#10 號刀頭
- 直式剪刀
- 針梳

潘布魯克威爾斯柯基犬

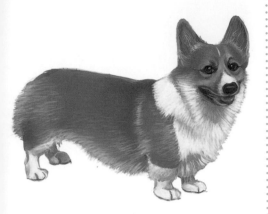

工具與設備

- 棉球
- 洗耳液
- 除淚痕液
- 藥用耳粉
- 指甲剪
- 蛋白質護毛素
- 純豬鬃毛刷
- 直式剪刀
- 短毛犬種專用拆結牙梳（#564）
- 鋼梳（疏齒／密齒）
- 針梳（平緩型）
- 無刺激蛋白洗毛精

美容程序

1. 將蛋白質護毛素全面噴灑在犬隻的毛皮上，可以增進犬隻毛皮生長，同時修護分叉。接著使用針梳全面梳理犬隻，移除毛皮上的廢毛。然後使用專門為短毛品種設計的拆結牙梳（＃564）移除底層絨毛中的廢毛。

2. 用洗耳液沾濕棉球擦拭耳朵，這樣可以去除耳朵汙垢，避免發出異味。接著使用乾燥的棉球擦拭，並在犬隻耳朵撒上藥用耳粉。

3. 使用指甲剪將犬隻的指甲尖端剪除，注意動作不要急躁。

4. 使用無刺激蛋白洗毛精清洗犬隻，這種洗毛精是偏鹼性的，可以使毛髮豐富增生，並重組受損的部分。

5. 使用烘乾籠將犬隻的毛皮烘至微濕，然後帶上美容桌，使用吹風機與純鬃毛刷進行最後的吹整。對犬隻做全面且徹底的梳理。

6. 檢查肉球與腳底是否有扎到木刺或沾到柏油等等。修剪腳底與肉球間的毛。沿著腳掌將會接觸到地面的毛剪掉，並同時對腿部進行修剪整理。使用打薄剪將腳趾間長出來的毛修剪乾淨。兩隻後腿足骸背面的毛髮要特別注意，不要漏掉了。

7. 鬍鬚可以用剪刀修剪以突顯臉型（非必要步驟）

8. 將蛋白質護毛素噴在純鬃毛刷上，對犬隻做全面且完整的梳理，增加毛皮的光澤與香味。

美容程序

1. 使用針梳對犬隻做全面且完整的梳理。

2. 將犬隻身上所有鬆散的廢毛梳掉。

3. 使用藥用耳粉清潔耳朵，並輕輕拔除耳內的雜毛。

4. 使用眼藥水沾濕棉球，擦拭清潔犬隻的眼部。

5. 使用指甲剪將犬隻的指甲尖端剪除，注意動作不要急躁。

6. 使用 #10 號刀頭電剪，剃毛犬隻下腹部腹股溝到肚臍的部位，並沿著大腿內側向下剃。

7. 剃除肛門周圍的毛，並特別注意不要讓刀頭直接接觸到皮膚。（每側約1／2英吋或是1公分）。

8. 在犬隻的雙耳內塞入乾棉球（這樣可以防止水跑進耳道），然後清洗犬隻並帶進烘毛籠內烘乾。

9. 使用剪刀或打薄剪，將兩隻前腳沿著腳踝周邊，以及兩隻後腿從飛節處開始，所有沿著腿部生長的雜毛全部修剪乾淨。

10. 使用剪刀或打薄剪，將兩隻前腳沿著腳踝周邊，以及兩隻後腿從飛節處開始，所有沿著腿部生長的雜毛全部修剪乾淨。

11. 對犬隻進行完整且全面性的梳理，以梳去所有鬆散的廢毛。

迷你貝吉格里芬凡丁犬可以每八至十個星期做一次清潔美容。每個星期都要檢查耳朵，有必要的話進行清潔。每個月都要檢查指甲的狀況，有必要的話進行修剪。

迷你貝吉格里芬凡丁犬

工具與設備

- 棉球
- 眼藥水（除淚痕液）
- 藥用耳粉
- 排梳（疏齒）
- 指甲剪
- Oster A－5電剪／#10號刀頭
- 直式剪刀
- 針梳
- 打薄剪

指示犬

工具與設備

- 麂皮布
- 棉球
- 眼藥水（除淚痕液）
- 羊毛脂護毛劑
- 指甲剪
- 直式剪刀
- 豬鬃梳

美容程序

1. 使用豬鬃梳，輕柔快速地順著毛流梳理犬隻的毛皮。

2. 使用藥用耳粉清潔耳朵。

3. 使用眼藥水沾濕棉球擦拭兩眼，這也有助於清除眼睛周圍的任何汙垢。

4. 使用指甲剪將犬隻的指甲尖端剪除，注意動作不要急躁。

5. 使用剪刀修剪犬隻吻部的鬍鬚，以及下巴下方、臉的兩側與眼睛上方的毛。【注意：若該犬隻非犬種用犬，那麼鬍鬚是否需要完全剪除，請交由飼主決定。】

6. 在犬隻的雙耳內塞入乾棉球（這樣可以防止水跑進耳道），然後清洗犬隻並帶進烘毛籠內烘乾。

7. 將幾滴羊毛脂護毛劑滴在你的手掌上，輕輕搓揉開，並用按摩的方式塗抹在犬隻的毛皮上。

8. 使用豬鬃梳輕柔刷整犬隻的毛皮，讓護毛劑能很好的均勻沾於毛皮上。接著使用麂皮布在犬隻的毛皮上擦拭拋光，這樣可以讓毛皮看起來亮麗有色。

指示犬可以每八至十個星期做一次清潔美容。在進行清潔美容的週期之間，飼主時常梳理犬隻的毛皮，可以保持毛皮的健康與亮澤。每個星期都要檢查耳朵，有必要的話進行清潔。每個月都要檢查指甲的狀況，有必要的話進行修剪。

美容程序

1. 從頭部開始,使用針梳對犬隻做全面性的梳理。使用開結梳或廢毛梳將糾結的毛梳開。完整梳理犬隻的身體,將脫毛全部梳掉。徹底的梳理,將鬆脫的廢毛全部梳掉。

2. 用藥用耳粉清潔耳朵,並輕輕拔除耳內的雜毛。

3. 使用眼藥水沾濕棉球擦拭兩眼,這也有助於清除眼睛周圍的任何汙垢。

4. 使用指甲剪將犬隻的指甲尖端剪除,注意動作不要急躁。

5. 使用 #10 號刀頭電剪,剃毛犬隻下腹部腹股溝到肚臍的部位,並沿著大腿內側向下剃。

6. 剃除肛門周圍的毛,並特別注意不要讓刀頭直接接觸到皮膚。(每側約 1 / 2 英吋或是 1 公分)。

7. 將乾棉球塞進犬隻兩隻耳朵內側(這樣可以避免水跑進耳道),接著清洗犬隻。清洗完畢請帶到烘毛籠內烘乾多餘的水分。

8. 將犬隻搬到美容桌上,使用吹風機與針梳完成吹整。

9. 使用剪刀修剪肉球間的雜毛。讓犬隻穩定站立,順著腿型修剪腿部邊緣的毛,使其呈現整潔的樣貌。

10. 徹底梳理犬隻全身的毛,將鬆脫的廢毛完全梳掉。

波蘭低地牧羊犬

工具與設備

- 棉球
- 眼藥水(除淚痕液)
- 開結梳
- 排梳(疏齒)
- 廢毛梳
- 指甲剪
- Oster A－5電剪／#10 號刀頭
- 直式剪刀
- 針梳

　　波蘭低地牧羊犬除了被稱為 Polish Lowland Sheepdog 之外,還有另一個比較有名的稱呼 Polski Owczarek Nizinny。波蘭低地牧羊犬建議每六至八個星期做一次清潔美容。飼主時常梳理犬隻的被毛,可以增進毛皮的健康,減少底層絨毛發生糾結的狀況。每個星期都要檢查耳朵,有必要的話進行清潔。清潔美容的同時檢查指甲與修剪。

博美犬

美容程序

1. 先修剪指甲，只剪去最前端的部分，避免動作太過急躁。如果流血了，可以用止血粉來止血。粗糙的部分用銼刀打磨圓滑。
2. 將棉球以洗耳液沾濕，將兩耳內所有的汙垢與耳蠟擦拭乾淨。
3. 對犬隻做全面性的梳理，以梳去所有的糾結與死去的廢毛。
4. 使用你選擇的洗毛精清洗犬隻，要徹底沖洗乾淨。可以使用護毛劑來幫助搓掉死掉的廢毛，減少靜電產生。
5. 使用毛巾吸乾水分到微濕的狀態，然後使用吹風機做最後的吹整。在吹乾的同時，朝向毛流的生長方向梳理，增加毛髮的蓬鬆感。
6. 使用直式剪刀，剪掉腳底與肉球間的毛，若是腳趾間有雜毛長出，也需要一併修剪，使足部呈現緊實的樣貌。飛節背側多餘的雜毛也要修剪，兩隻耳朵的雜毛也別遺漏了。
7. 肛門周邊的毛髮也要修剪乾淨。
8. 對犬隻的毛髮做完整的梳理，確保所有糾纏打結的部分都有妥善的處理過。

　　修剪完畢的博美犬看起來應該像圓滾滾的「粉撲」，建議每六至八個星期做一次清潔美容。

美容程序

1. 以向上梳理的手法，使用針梳犬隻做全身梳理。使用開結梳或廢毛梳將犬隻毛皮糾結纏擾的部分梳開梳順。最後使用疏齒梳做完整的梳理，將脫落的廢毛全部梳掉。

2. 使用藥用耳粉清潔耳朵，並輕輕拔除耳內的雜毛。

3. 使用眼藥水沾濕棉球擦拭兩眼，這也有助於清除眼睛周圍的任何汙垢。

4. 使用指甲剪將犬隻的指甲尖端剪除，注意動作不要急躁。

5. 使用 #15 號刀頭電剪剃毛腿部。先從肉球開始推剪，接者從剛剃乾淨的最大塊的肉球處開始往上剃，這條修毛線將會成為整個腿部推剪時的基準。請確認沒有遺漏任何部位以及腳趾間的雜毛。

6. 從 226 頁的「貴賓犬頭臉型」中選擇一種剃毛犬隻臉部。

7. 剃除尾巴基部往上約三分之一長度的毛。

8. 使用 #10 號刀頭電剪，剃毛犬隻下腹部腹股溝到肚臍的部位，並沿著大腿內側向下剃。

9. 使用 #10 號刀頭電剪，剃除肛門周圍的毛，並特別注意不要讓刀頭直接接觸到皮膚。（每側約 1 ／ 2 英吋或是 1 公分）。

10. 使用 #15 號刀頭電剪，從耳朵基部開始，順著顱骨下緣到達顎骨下方，圍繞著頸部剃出一個刀頭的寬度。這條推剪線的兩端應該會在小型貴賓犬的肩部相交。（可以依照犬隻的大小選擇適用的刀頭，讓推剪線的兩端得以相交於一個點上）。

11. 使用 #5 ／ 8 號刀頭電剪（適用於玩具貴賓犬）、#7 ／ 8 號刀頭電剪（適用於迷你型貴賓犬）或 #15 號刀頭電剪（適用於標準型貴賓犬），從

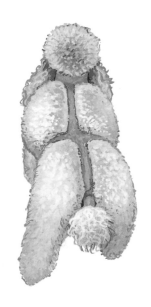

貴賓犬
荷蘭型

工具與設備

- 棉球
- 眼藥水（除淚痕液）
- 開結梳
- 藥用耳粉
- 排梳（疏齒／大齒）
- 廢毛梳
- 指甲剪
- Oster A—5電剪／#$^5/_8$、#$^7/_8$、#7、#10、#15號刀頭
- 直式剪刀
- 針梳

貴賓犬荷蘭型

背部中間位置直線剃出推剪區塊，也就是將刀頭垂直於頸部的推剪區塊，推往尾根。

12. 與前一步驟使用相同的刀頭，從背部的中間位置，分別從兩側直線往下腹部剃毛（推剪區塊會差不多收於後腿的前方）。

13. 使用疏齒梳對犬隻做全面性的梳理，將多餘的毛全部梳掉。

14. 在犬隻的雙耳內塞入乾棉球（這樣可以防止水跑進耳道），然後清洗犬隻並進行手吹吹蓬。在進行手吹吹蓬作業時，針梳要由下往上梳理。

15. 使用貴賓犬梳完整梳理犬隻的毛，使其蓬鬆，並對犬隻身體各部位進行修剪。

16. 同前幾個步驟使用相同的電剪刀頭，沿著剛剛剃過的修毛區塊再剃一次。這一次剃毛是為了使犬隻的毛皮擁有乾淨俐落的外觀呈現。

17. 使用 #15 號刀頭電剪，沿著毛流進行修整，將所有推剪區塊的邊角修得較為圓滑。

18. 在 Oster A5 電剪裝上 #7 號刀頭，輕柔地將毛髮往下混合進推剪區域，將邊緣的所有雜毛用剪刀修掉。

19. 使用貴賓犬梳梳理身體上的毛，使其變得蓬鬆，使用剪刀將身體的毛均勻修剪成飽滿的圓筒狀。

20. 修剪胸部，就是介於兩條前腿與下方，跟身體接觸的位置。

21. 將兩隻前腳腳踝處的毛向下梳順，並用剪刀直直環繞修剪。

22. 使用貴賓犬梳梳理前腿上的毛，使其變得蓬鬆，並修剪成直筒狀的外觀，與身體融合呈現一體感。

23. 將兩隻後腳腳踝處的毛向下梳順，並用剪刀直直環繞修剪。

24. 使用貴賓犬梳梳理後腿上的毛，使其變得蓬鬆，並修剪成直且飽滿的外觀，使臀部看起來飽滿圓潤。

25. 修剪尾部的毛，使其看起來像豐沛的圓型彩球。

26. 筆直向上梳理頭頂的毛，並沿著邊緣修剪。使用貴賓犬梳梳理，使其變得蓬鬆，然後將頭頂的毛修剪成圓型，逐漸往耳部與頸部收攏。

27. 使用梳子，將腿部與身體的毛梳理得蓬鬆。用剪刀將身體所有的雜毛都修掉，特別是腳踝的部分。

貴賓犬荷蘭型取決於其毛髮的厚度與生長情況，建議每四至六個星期安排一次清潔美容。飼主在清潔美容的週期之間，應該定期梳刷整理犬隻的毛皮，這樣可以保持毛皮的健康，避免糾結纏繞的情況發生。每個星期都要檢查耳朵，有必要的話進行清潔。清潔美容的同時檢查與修剪指甲。比較需要提到的地方是，除了皮膚敏感的犬隻以外，該以電剪剃過的推剪區域，都應該要順著皮毛的紋理剃過。這個美容型可以使用 #10 號刀頭電剪順著毛流剃毛。在進行清洗前要將該剃除的區域先行剃過，之後再沿著毛流做一次剃除。

【註：只要出現貴賓犬，寬的排梳都可稱作「貴賓犬梳」。】

貴賓犬
狗舍型

工具與設備

- 棉球
- 眼藥水（除淚痕液）
- 開結梳
- 藥用耳粉
- 排梳（疏齒／大齒）
- 廢毛梳
- 指甲剪
- Oster A－5電剪／#4、#5、#7、#10、#15號刀頭
- 直式剪刀
- 針梳

美容程序

1. 以向上梳理的手法，使用針梳犬隻做全身梳理。使用開結梳或廢毛梳將犬隻毛皮糾結纏擾的部分梳開梳順。最後使用疏齒梳做完整的梳理，將脫落的廢毛全部梳掉。

2. 使用藥用耳粉清潔耳朵，並輕輕拔除耳內的雜毛。

3. 使用眼藥水沾濕棉球擦拭兩眼，這也有助於清除眼睛周圍的任何汙垢。

4. 使用指甲剪將犬隻的指甲尖端剪除，注意動作不要急躁。

5. 使用 #15 號刀頭電剪剃毛腿部。先從肉球開始剃毛，接者從剛剃乾淨的最大塊的肉球處開始往上剃，這條修毛線將會成為整個腿部推剪時的基準。請確認沒有遺漏任何部位以及腳趾間的雜毛。

6. 從 226 頁的「貴賓犬頭臉型」中選擇一種剃毛犬隻臉部。

7. 剃除尾巴基部往上約三分之一長度的毛。

8. 使用 #10 號刀頭電剪，剃毛犬隻下腹部腹股溝到肚臍的部位，並沿著大腿內側向下剃。

9. 剃除肛門周圍的毛（使用 #10 號刀頭電剪），並特別注意不要讓刀頭直接接觸到皮膚。（每側約 1 ／ 2 英吋或是 1 公分）。

10. 使用 #7、#5 或 #4 號刀頭（依照毛的長度做選擇），延著顱骨下方往尾部做背部的推剪。

11. 從兩耳的基部開始向下推剪到肩膀到前腿的上方位置。

12. 往下推剪犬隻的前半身與兩隻前腿中間的部位。

13. 找到背部第一次下電剪的位置，往下推剪兩側腹部與下腹部的位置。

14. 向下推剪臀部到後腿的上方位置。

15. 使用貴賓犬梳對犬隻做全面的梳理，並梳去多餘的廢毛。

16. 在犬隻的雙耳內塞入乾棉球（這樣可以防止水跑進耳道），然後清洗犬隻並進行手吹吹蓬。在進行手吹吹蓬作業時，針梳要由下往上梳理。

17. 將剛剛身體推剪過的部位都刷理過，接著使用貴賓犬梳將腿部的毛流向上梳理。

18. 同前幾個步驟使用相同的電剪刀頭，沿著剛剛剃過的修毛區塊再剃一次。將毛流均勻混進四肢的上方。

19. 將兩隻前腳腳踝處的毛向下梳順，並用剪刀直直環繞修剪。

20. 使用貴賓犬梳梳理前腿上的毛，使其變得蓬鬆，並修剪成短且直的圓筒狀的外觀，上方要逐漸收縮與身體融合，呈現一體感。

21. 將兩隻後腳腳踝處的毛向下梳順，並用剪刀直直環繞修剪。

22. 使用貴賓犬梳梳理後腿上的毛，使其變得蓬鬆，並修剪成較短的樣式，按照自然的輪廓融入臀部。

23. 將腿部的毛梳理得蓬鬆，將身體所有的雜毛都修剪乾淨，特別是腳踝的部分。

24. 修剪尾部的毛，使其看起來像豐沛的圓型彩球。

25. 筆直向上梳理頭頂的毛，並沿著邊緣修剪。使用貴賓犬梳梳理，使其變得蓬鬆，然後將頭頂的毛修剪成圓型，逐漸往耳部與頸部收攏。

　　貴賓犬狗舍型取決於其毛髮的厚度與生長情況，建議每四至六個星期安排一次清潔美容。飼主在清潔美容的週期之間，應該定期梳刷整理犬隻的毛皮，這樣可以保持毛皮的健康，避免糾結纏繞的情況發生。每個星期都要檢查耳朵，有必要的話進行清潔。清潔美容的同時檢查與修剪指甲。比較需要提到的地方是，除了皮膚敏感的犬隻以外，該以電剪剃過的推剪區域，都應該要順著皮毛的紋理剃過。這個美容型可以使用 #10 號刀頭電剪順著毛流剃毛。在腿上輕柔使用 #4 號刀頭電剪進行推剪也是可以的。最後使用貴賓犬梳讓毛髮蓬鬆，並將雜毛都推剪乾淨。

#4, #5, #7 ↓　　←#15

#10

貴賓犬
綿羊型

工具與設備

- 棉球
- 眼藥水（除淚痕液）
- 開結梳
- 藥用耳粉
- 排梳（疏齒／大齒）
- 廢毛梳
- 指甲剪
- Oster A－5電剪／#4、#5、#7、#10、#15號刀頭
- 直式剪刀
- 針梳

美容程序

1. 以向上梳理的手法，使用針梳犬隻做全身梳理。使用開結梳或廢毛梳將犬隻毛皮糾結纏擾的部分梳開梳順。最後使用疏齒梳做完整的梳理，將脫落的廢毛全部梳掉。

2. 使用藥用耳粉清潔耳朵，並輕輕拔除耳內的雜毛。

3. 使用眼藥水沾濕棉球擦拭兩眼，這也有助於清除眼睛周圍的任何汙垢。

4. 使用指甲剪將犬隻的指甲尖端剪除，注意動作不要急躁。

5. 使用 #15 號刀頭電剪剃毛腿部。先從肉球開始剃毛，接者從剛剃乾淨的最大塊的肉球處開始往上剃，這條修毛線將會成為整個腿部推剪時的基準。請確認沒有遺漏任何部位以及腳趾間的雜毛。

6. 從 226 頁的「貴賓犬頭臉型」中選擇一種剃毛犬隻臉部。

7. 剃除尾巴基部往上約三分之一長度的毛。

8. 使用 #10 號刀頭電剪，剃毛犬隻下腹部腹股溝到肚臍的部位，並沿著大腿內側向下剃。

9. 剃除肛門周圍的毛（使用 #10 號刀頭電剪），並特別注意不要讓刀頭直接接觸到皮膚。（每側約 1／2 英吋或是 1 公分）。

10. 使用 #7、#5 或 #4 號刀頭（依照毛的長度做選擇），延著顱骨下方往尾部做背部的推剪。

11. 從兩耳的基部開始向下推剪到肩膀到前腿的上方位置。

12. 找到背部第一次下電剪的位置，往下推剪腹部兩側到臀部的位置。

13. 使用疏齒排梳對犬隻做全面的梳理，並梳去多餘的廢毛。

14. 在犬隻的雙耳內塞入乾棉球（這樣可以防止水跑進耳道），然後清洗犬隻並進行手吹吹蓬。

在進行手吹吹蓬作業時，針梳要由下往上梳理。

15. 將剛剛身體推剪過的部位都刷理過，接著使用貴賓犬梳將腿部的毛流向上梳理。

16. 同前幾個步驟使用相同的電剪刀頭，沿著剛剛剃過的修毛區塊再剃一次。將毛流均勻混進胸部、下腹部與四肢的上方。

17. 均勻修剪胸部，也就是兩隻前腿之間，以及下腹部的位置，將毛流融入身體呈現出一體感【提醒：這幾個部位可以使用相同的電剪刀頭進行推剪】。

18. 將兩隻前腳腳踝處的毛向下梳順，並用剪刀直直環繞修剪。

19. 使用貴賓犬梳梳理前腿上的毛，使其變得蓬鬆，並修剪成直筒狀外觀，上方要逐漸收縮與身體以及雙肩融合，呈現一體感。

20. 將兩隻後腳腳踝處的毛向下梳順，並用剪刀直直環繞修剪。

21. 使用貴賓犬梳梳理後腿上的毛，使其變得蓬鬆，並修剪成直且豐滿的樣式，融入身體與臀部的外觀，呈現一體感。

22. 修剪尾部的毛，使其看起來像豐沛的圓型彩球。

23. 筆直向上梳理頭頂的毛，並沿著邊緣修剪。使用貴賓犬梳梳理，使其變得蓬鬆，然後將頭頂的毛修剪成圓型，逐漸往耳部與頸部收攏。

24. 使用梳子將腿部的毛梳理得蓬鬆，並用剪刀將所有的雜毛修剪乾淨，特別是腳踝的部分。

　　貴賓犬綿羊型取決於其毛髮的厚度與生長情況，建議每四至六個星期安排一次清潔美容。飼主在清潔美容的週期之間，應該定期梳刷整理犬隻的毛皮，這樣可以保持毛皮的健康，避免糾結纏繞的情況發生。每個星期都要檢查耳朵，有必要的話進行清潔。清潔美容的同時檢查與修剪指甲。比較需要提到的地方是，除了皮膚敏感的犬隻以外，該以電剪剃過的推剪區域，都應該要順著皮毛的紋理剃過。這個美容型可以使用 #10 號刀頭電剪順著毛流剃毛。

←#15

←#4
#5
#7

貴賓犬
幼犬型

美容程序

1. 以向上梳理的手法，使用針梳犬隻做全身梳理。使用開結梳或廢毛梳將犬隻毛皮糾結纏擾的部分梳開梳順。最後使用疏齒梳做完整的梳理，將脫落的廢毛全部梳掉。

2. 使用藥用耳粉清潔耳朵，並輕輕拔除耳內的雜毛。

3. 使用眼藥水沾濕棉球擦拭兩眼，這也有助於清除眼睛周圍的任何汙垢。

4. 使用指甲剪將犬隻的指甲尖端剪除，注意動作不要急躁。

5. 使用 #15 號刀頭電剪剃毛腿部。先從肉球開始剃毛，接者從剛剃乾淨的最大塊的肉球處開始往上剃，這條修毛線將會成為整個腿部推剪時的基準。請確認沒有遺漏任何部位以及腳趾間的雜毛。

6. 從 226 頁的「貴賓犬頭臉型」中選擇一種剃毛犬隻臉部。

7. 剃除尾巴基部往上約三分之一長度的毛。

8. 使用 #8 ½ 號刀頭電剪，剃毛犬隻下腹部腹股溝到肚臍的部位，並沿著大腿內側向下剃。

9. 剃除肛門周圍的毛（使用 #8 ½ 號刀頭電剪），並特別注意不要讓刀頭直接接觸到皮膚。（每側約 1／2 英吋或是 1 公分）。

10. 使用貴賓犬梳對犬隻做全面的梳理，並梳去多餘的廢毛。

11. 在犬隻的雙耳內塞入乾棉球（這樣可以防止水跑進耳道），然後清洗犬隻並進行手吹吹蓬。在進行手吹吹蓬作業時，針梳要由下往上梳理。

12. 使用貴賓犬梳，向上對犬隻的毛皮做全面性的梳理，並使其蓬鬆。

13. 將犬隻的毛皮修剪成均勻整齊的長度（約 1 至 2 英吋，或是 2.5 至 5 公分。當然也可以由飼主自由決定適合的長度）。

14. 將兩隻前腳腳踝處的毛向下梳順，並用剪刀直直環繞修剪。

15. 使用貴賓犬梳梳理前腿上的毛，使其變得蓬鬆，並修剪成直筒狀外觀，融入身體呈現一體感。

16. 將兩隻後腳腳踝處的毛向下梳順，並用剪刀直直環繞修剪。

17. 使用貴賓犬梳梳理後腿上的毛，使其變得蓬鬆，並修剪成直且豐滿的樣式，與身體融合呈現一體感。

18. 修剪尾部的毛，使其看起來像豐沛的圓型彩球。

19. 將頭部的毛髮向後梳理，並沿著邊緣做修剪，橫越兩眼與雙耳。將其餘的毛髮梳理蓬鬆，並修剪圍繞在頂端的部分。將這些毛髮沿著頸部融入身體與耳朵。

20. 使用梳子將腿部的毛梳理得蓬鬆，並用剪刀將所有的雜毛修剪乾淨，特別是腳踝的部分。

　　取決於貴賓犬幼犬的毛髮厚度與生長情況，建議每四至六個星期安排一次清潔美容。飼主在清潔美容的週期之間，應該定期梳刷整理犬隻的毛皮，這樣可以保持毛皮的健康，避免糾結纏繞的情況發生。當幼犬長到約六至八個月大之後，飼主就可以選擇其他的貴賓犬型做修剪。每個星期都要檢查耳朵，有必要的話進行清潔。清潔美容的同時檢查與修剪指甲。

比較需要提到的地方是，貴賓犬的幼犬通常皮膚都較為敏感，所以在臉部與尾巴上請使用 #10 號刀頭電剪順著毛流推毛。在腹部與肛門的周圍，可以使用 #8½ 號刀頭電剪，依照指示進行推剪。若是顧客為喜歡幼犬型的成犬飼主，那犬隻的臉部可以使用 #15 號刀頭電剪，腹部與肛門周圍使用 #10 號刀頭電剪進行推剪。

#10 →　　　　←#10

↑
#8½

#15 →

貴賓犬
皇家荷蘭型

工具與設備

- 棉球
- 眼藥水（除淚痕液）
- 開結梳
- 藥用耳粉
- 排梳（疏齒／大齒）
- 廢毛梳
- 指甲剪
- Oster A－5電剪／#$^7/_8$、#7、#10、#15號刀頭
- 直式剪刀
- 針梳

美容程序

1. 以向上梳理的手法，使用針梳犬隻做全身梳理。使用開結梳或廢毛梳將犬隻毛皮糾結纏擾的部分梳開梳順。最後使用疏齒梳做完整的梳理，將脫落的廢毛全部梳掉。

2. 使用藥用耳粉清潔耳朵，並輕輕拔除耳內的雜毛。

3. 使用眼藥水沾濕棉球擦拭兩眼，這也有助於清除眼睛周圍的任何污垢。

4. 使用指甲剪將犬隻的指甲尖端剪除，注意動作不要急躁。

5. 使用 #15 號刀頭電剪剃毛腿部。先從肉球開始剃毛，接者從剛剃乾淨的最大塊的肉球處開始往上剃，這條修毛線將會成為整個腿部推剪時的基準。請確認沒有遺漏任何部位以及腳趾間的雜毛。

6. 從 226 頁的「貴賓犬頭臉型」中選擇一種剃毛犬隻臉部。

7. 剃除尾巴基部往上約三分之一長度的毛。

8. 使用 #10 號刀頭電剪，剃毛犬隻下腹部腹股溝到肚臍的部位，並沿著大腿內側向下剃。

9. 剃除肛門周圍的毛（使用 #10 號刀頭電剪），並特別注意不要讓刀頭直接接觸到皮膚。（每側約 1 ／ 2 英吋或是 1 公分）。

10. 使用 #15 號刀頭電剪，從耳朵基部開始，順著顴骨下緣到達顎骨下方，圍繞著頸部剃出一個刀頭的寬度。這條推剪線的兩端應該會在小型貴賓犬的肩部相交。（可以依照犬隻的大小選擇適用的刀頭，讓推剪線的兩端得以相交於一個點上）。

11. 使用 #7 ／ 8 號刀頭電剪（玩具貴賓犬或小型迷你貴賓犬適用）或是 #15 號刀頭電剪（迷你貴賓犬或標準型貴賓犬適用），從頸部的推剪

線開始，筆直沿著背部的中線往尾部剃毛。

12. 與前一步驟使用相同的刀頭，從背部的中間位置，分別從兩側直線往下腹部剃毛（推剪區塊會差不多收於後腿的前方）。

13. 使用疏齒梳完整梳理犬隻的毛，將多餘的廢毛梳掉。

14. 在犬隻的雙耳內塞入乾棉球（這樣可以防止水跑進耳道），然後清洗犬隻並進行手吹吹蓬。在進行手吹吹蓬作業時，針梳要由下往上梳理。

15. 使用貴賓犬梳完整梳理犬隻的毛，使其蓬鬆，並對犬隻身體各部位進行修剪。

16. 同前幾個步驟使用相同的電剪刀頭，沿著剛剛剃過的修毛區塊再剃一次。這一次剃毛是為了使犬隻的毛皮擁有乾淨俐落的外觀呈現。

17. 使用 #15 號刀頭電剪，沿著毛流進行修整，將所有修剪區塊的邊角修得較為圓滑。

18. 使用 #7 號刀頭電剪，輕柔地將毛髮往下混合進修剪區域，將邊緣的所有雜毛用剪刀修掉。

19. 使用貴賓犬梳梳理身體上的毛，使其變得蓬鬆，使用剪刀將身體的毛均勻修剪成飽滿的圓筒狀。

20. 修剪胸部，就是介於兩條前腿與下方，跟身體接觸的位置。

21. 將兩隻前腳腳踝處的毛向下梳順，並用剪刀直直環繞修剪。

22. 使用貴賓犬梳梳理前腿上的毛，使其變得蓬鬆，並修剪成直筒狀的外觀，與身體融合呈現一體感。

23. 將兩隻後腳腳踝處的毛向下梳順，並用剪刀直直環繞修剪。

24. 使用貴賓犬梳梳理後腿上的毛，使其變得蓬鬆，並修剪成直且飽滿的外觀，使臀部看起來飽滿圓潤。

25. 修剪尾部的毛，使其看起來像豐沛的圓型彩球。

26. 筆直向上梳理頭頂的毛，並沿著邊緣修剪。使用貴賓犬梳梳理，使其變得蓬鬆，然後將頭頂的毛修剪成圓型，逐漸往耳部與頸部收攏。

27. 使用梳子，將腿部與身體的毛梳理得蓬鬆。用剪刀將身體所有的雜毛都修掉，特別是腳踝的部分。

貴賓犬皇家荷蘭型

　　貴賓犬皇家荷蘭型取決於其毛髮的厚度與生長情況，建議每四至六個星期安排一次清潔美容。飼主在清潔美容的週期之間，應該定期梳刷整理犬隻的毛皮，這樣可以保持毛皮的健康，避免糾結纏繞的情況發生。每個星期都要檢查耳朵，有必要的話進行清潔。清潔美容的同時檢查與修剪指甲。比較需要提到的地方是，除了皮膚敏感的犬隻以外，該以電剪剃過的推剪區域，都應該要順著皮毛的紋理剃過。這個美容型可以使用 #10 號刀頭電剪順著毛流剃毛。在進行清洗前要將該剃除的區域先行剃過，之後再沿著毛流做一次剃除。

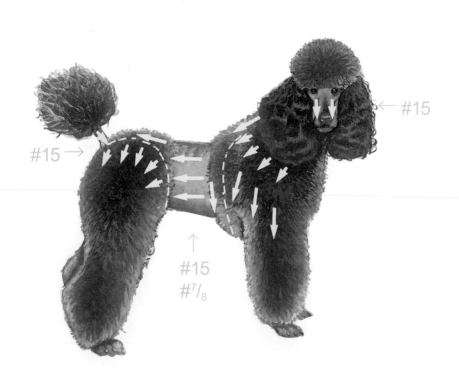

美容程序

1. 以向上梳理的手法，使用針梳犬隻做全身梳理。使用開結梳或廢毛梳將犬隻毛皮糾結纏擾的部分梳開梳順。最後使用疏齒梳做完整的梳理，將脫落的廢毛全部梳掉。

2. 使用藥用耳粉清潔耳朵，並輕輕拔除耳內的雜毛。

3. 使用眼藥水沾濕棉球擦拭兩眼，這也有助於清除眼睛周圍的任何汙垢。

4. 使用指甲剪將犬隻的指甲尖端剪除，注意動作不要急躁。

5. 使用 #15 號刀頭電剪剃毛腿部。先從肉球開始剃毛，接者從剛剃乾淨的最大塊的肉球處開始往上剃，這條修毛線將會成為整個腿部剃毛時的基準。請確認沒有遺漏任何部位以及腳趾間的雜毛。

6. 從 226 頁的「貴賓犬頭臉型」中選擇一種剃毛犬隻臉部。

7. 剃除尾巴基部往上約三分之一長度的毛。

8. 使用 #10 號刀頭電剪，剃毛犬隻下腹部腹股溝到肚臍的部位，並沿著大腿內側向下剃。

9. 使用 #10 號刀頭電剪，剃除肛門周圍的毛，並特別注意不要讓刀頭直接接觸到皮膚。（每側約 1／2 英吋或是 1 公分）。

10. 使用 #10 號或 #7 號刀頭電剪，剃除顱骨的邊緣（頸部的區域）到尾巴的根部、胸部下方，兩隻前腿中間的部位，以及圍繞腹部與下腹部區域的毛。

11. 繼續往下沿著四肢將毛剃除，前腿剃到肘部上方為止，後腿剃到飛節上方為止。

12. 完整梳理頭部、雙耳、尾巴、四肢腳踝上的毛髮，將多餘的廢毛梳掉。

貴賓犬
夏季型

工具與設備

- 棉球
- 眼藥水（除淚痕液）
- 開結梳
- 藥用耳粉
- 排梳（疏齒／大齒）
- 廢毛梳
- 指甲剪
- Oster A－5電剪／#7、#10、#15號刀頭
- 直式剪刀
- 針梳

13. 在犬隻的雙耳內塞入乾棉球（這樣可以防止水跑進耳道），然後清洗犬隻並進行手吹吹蓬。在進行手吹吹蓬作業時，針梳要由下往上梳理。

14. 輕柔向上梳理身體與腿部剃毛過的部位，接著使用同前幾個步驟相同的電剪，將這些部位再推過一次。

15. 使用貴賓犬梳，將頭部、腳踝以及尾巴的毛梳理得蓬鬆。

16. 將四肢腳踝處的毛向下梳順，並用剪刀直直環繞修剪。再次將這些毛向上梳開，用剪刀直直環繞修剪。最後用梳子與剪刀修剪整理，使四肢的毛蓬鬆，看起來像豐沛的圓型彩球。

17. 修剪尾部的毛，使其看起來像豐沛的圓型彩球。

18. 筆直向上梳理頭頂的毛，並沿著邊緣修剪。使用貴賓犬梳梳理，使其變得蓬鬆，然後將頭頂的毛修剪成圓型，逐漸往耳部與頸部收攏。

　　貴賓犬夏季型取決於其毛髮的厚度與生長情況，建議每四至六個星期安排一次清潔美容。飼主在清潔美容的週期之間，應該定期梳刷整理犬隻的毛皮，這樣可以保持毛皮的健康，避免糾結纏繞的情況發生。每個星期都要檢查耳朵，有必要的話進行清潔。清潔美容的同時檢查與修剪指甲。比較需要提到的地方是，除了皮膚敏感的犬隻以外，該以電剪剃過的推剪區域，都應該要順著皮毛的紋理剃過。可以使用 #10 號刀頭電剪順著毛流剃毛。這個美容型也被稱為小丑型，身體與腿部的毛都需要順著皮毛的紋理剃過。

#7, #10
↓

← #10
#15

← #15

美容程序

1. 以向上梳理的手法，使用針梳做全身梳理。使用開結梳或廢毛梳將犬隻毛皮糾結纏擾的部分梳開梳順。最後使用疏齒梳做完整的梳理，將脫落的廢毛全部梳掉。

2. 使用藥用耳粉清潔耳朵，並輕輕拔除耳內的雜毛。

3. 使用眼藥水沾濕棉球擦拭兩眼，這也有助於清除眼睛周圍的任何汙垢。

4. 使用指甲剪將犬隻的指甲尖端剪除，注意動作不要急躁。

5. 使用 #15 號刀頭電剪剃毛腿部。先從肉球開始剃毛，接者從剛剃乾淨的最大塊的肉球處開始往上剃，這條修毛線將會成為整個腿部剃毛時的基準。請確認沒有遺漏任何部位以及腳趾間的雜毛。

6. 從 226 頁的「貴賓犬頭臉型」中選擇一種剃毛犬隻臉部。

7. 剃除尾巴基部往上約三分之一長度的毛。

8. 使用 #10 號刀頭電剪，剃毛犬隻下腹部腹股溝到肚臍的部位，並沿著大腿內側向下剃。

9. 剃除肛門周圍的毛（使用 #10 號刀頭電剪），並特別注意不要讓刀頭直接接觸到皮膚。（每側約 1／2 英吋或是 1 公分）。

10. 使用 #10 號刀頭電剪，從耳朵基部開始，順著顱骨下緣到達顎骨下方，圍繞著頸部剃出一個刀頭的寬度。這條推剪線的兩端應該會在小型貴賓犬的肩部相交。（可以依照犬隻的大小選擇適用的刀頭，讓推剪線的兩端得以相交於一個點上）。

11. 使用 #5／8 號刀頭電剪（玩具貴賓犬或小型迷你貴賓犬適用）或是 #10 號刀頭電剪（迷你貴賓犬或標準型貴賓犬適用），從頸部的推剪線開始，筆直沿著背部的中線往尾部剃毛。

貴賓犬
鄉村型

工具與設備

- 棉球
- 眼藥水（除淚痕液）
- 開結梳
- 藥用耳粉
- 排梳（疏齒／大齒）
- 廢毛梳
- 指甲剪
- Oster A－5電剪／#5/8、#7、#10、#15號刀頭
- 直式剪刀
- 針梳

貴賓犬鄉村型

12. 使用 #10 號刀頭電剪（全犬種適用），從背部中間的推剪線往腹部剃除兩側的毛（推剪區塊的範圍應該落在後腿的前方，與前腿相隔 1 英吋或 2.5 公分的距離），沿著推剪區塊繼續推剪下腹部的毛，使兩側的推剪區塊相交。

13. 使用疏齒梳對犬隻做全面性的梳理，把多餘的廢毛梳掉。

14. 在犬隻的雙耳內塞入乾棉球（這樣可以防止水跑進耳道），然後清洗犬隻並進行手吹吹蓬。在進行手吹吹蓬作業時，針梳要由下往上梳理。

15. 使用貴賓犬梳完整梳理犬隻的毛，使其蓬鬆，並對犬隻身體各部位進行修剪。

16. 同前幾個步驟使用相同的電剪刀頭，沿著剛剛剃過的修毛區塊再剃一次。這一次剃毛是為了使犬隻的毛皮擁有乾淨俐落的外觀呈現。

17. 使用 #7 號刀頭電剪，輕柔以打層次手法推剪區塊的毛，並沿著外觀將所有的雜毛修掉。

18. 使用貴賓犬梳，將胸部，也就是前腳之間與下方部位的毛梳理得蓬鬆，並修剪均勻（這些部位也可以使用 #10 號刀頭電剪推剪）。

19. 將兩隻前腳腳踝處的毛向下梳順，並用剪刀直直環繞修剪。

20. 使用貴賓犬梳梳理前腿上的毛，使其變得蓬鬆，並修剪成直筒狀的外觀，與身體融合呈現一體感。均勻修剪前腿外部的毛髮，並往上修剪到肩部，讓肩頭呈現渾圓的外觀。

21. 將兩隻後腳腳踝處的毛向下梳順，並用剪刀直直環繞修剪。

22. 使用貴賓犬梳梳理後腿上的毛，使其變得蓬鬆，並修剪成直且飽滿的外觀，使臀部看起來飽滿圓潤。

23. 修剪尾部的毛，使其看起來像豐沛的圓型彩球。

24. 筆直向上梳理頭頂的毛，並沿著邊緣修剪。使用貴賓犬梳梳理，使其變得蓬鬆，然後將頭頂的毛修剪成圓型，逐漸往耳部與頸部收攏。

25. 使用梳子，將腿部與身體的毛梳理得蓬鬆。（如果沒有使用 #10 號刀頭電剪），用剪刀將身體所有的雜毛都修掉，特別是腳踝的部分。

貴賓犬鄉村型取決於其毛髮的厚度與生長情況，建議每四至六個星期安排一次清潔美容。飼主在清潔美容的週期之間，應該定期梳刷整理犬隻的毛皮，這樣可以保持毛皮的健康，避免糾結纏繞的情況發生。每個星期都要檢查耳朵，有必要的話進行清潔。清潔美容的同時檢查與修剪指甲。比較需要提到的地方是，除了皮膚敏感的犬隻以外，該以電剪剃過的推剪區域，都應該要順著皮毛的紋理剃過。這個美容型可以使用 #10 號刀頭電剪順著毛流剃毛。貴賓犬鄉村型的剃毛請順著皮毛的紋理進行，在使用電剪剃出推剪區塊的時候，請勿逆毛進行。

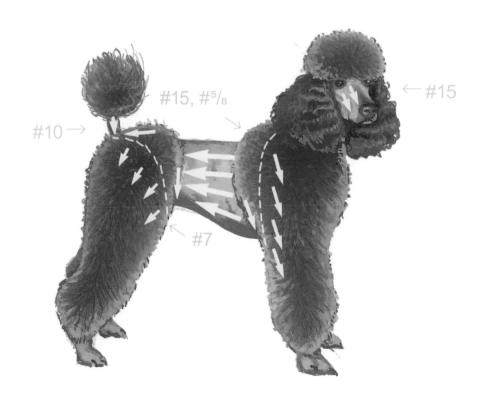

貴賓犬頭臉型

美容程序

1. 使用 #15 號刀頭電剪,將犬隻的一隻耳朵往回掀開,然後沿著耳根的中線,往同側眼睛的外側眼角進行剃毛。從耳根中線往嘴角,以及同側眼睛下方到內側眼角,往前剃毛約 3／4 英吋(2 公分)。這樣應該會剃毛出一條從嘴角到鼻尖的推剪線。從兩眼之間的位置,往前沿著吻部剃毛到鼻尖。最後從下耳根剃毛到喉部下方的一個點,再順著這條推剪線,往上剃毛下顎部,然後拉回唇邊,沿著外形剃毛乾淨。

2. 在犬隻臉部的另一面重複上述的步驟。

3. 將鬍子垂直往下梳理,並均勻修剪鬍子的下半部邊緣。

　　若是犬隻有敏感性肌膚,請順著皮毛的紋理使用 #10 號刀頭電剪進行剃毛,除了嘴唇的邊緣以外。否則,請順著皮毛的紋理剃,呈現出乾淨俐落的外貌。

貴賓犬
法國小鬍子型

工具與設備

· 排梳(疏齒)

· Oster A-5電剪／#10、#15號刀頭

· 直式剪刀

貴賓犬
小鬍子型

工具與設備

· 排梳（疏齒）
· Oster A－5電剪／#10、
  #15號刀頭
· 直式剪刀

美容程序

1. 使用 #15 號刀頭電剪，將犬隻的一隻耳朵往回掀開，然後沿著耳根的中線，往同側眼睛的外側眼角進行剃毛。從耳根中線往嘴角，以及同側眼睛下方到內側眼角，往前剃毛約 3／4 英吋（2 公分）。這樣應該會推剪出一條從嘴角到鼻尖的推剪線，然後讓這條線橫越頸部下方。從兩眼之間的位置，往前沿著吻部剃毛到鼻尖。最後從下耳根剃毛到喉部下方的一個點，再順著這條推剪線，往上剃毛下顎部。

2. 在犬隻臉部的另一面重複上述的步驟。

3. 將鼻部與下顎的鬍子往外梳理，並均勻修剪鬍子的下半部邊緣。

　　若是犬隻有敏感性肌膚，請順著皮毛的紋理使用 #10 號刀頭電剪進行剃毛。

美容程序

1. 使用 #15 號刀頭電剪,將犬隻的一隻耳朵往回掀開,然後沿著耳根的中線,往同側眼睛的外側眼角進行剃毛。接著從外側眼角往內側眼角,剃毛眼睛下方,以及雙眼之間到鼻尖的毛。最後從下耳根剃毛到喉部下方的一個點,再順著這條推剪線,往上剃毛鼻尖與下顎部的毛,然後拉回唇邊,沿著外形將毛剃乾淨。

2. 在犬隻臉部的另一面重複上述的步驟。

　　若是犬隻有敏感性肌膚,請順著皮毛的紋理使用 #10 號刀頭電剪進行剃毛,除了嘴唇的邊緣以外。否則,請順著毛皮的紋理剃,呈現出乾淨俐落的外貌。

貴賓犬
剃貴賓臉型

工具與設備

- Oster A－5電剪／#10、#15號刀頭

葡萄牙
水狗

工具與設備

- 梳子（密齒／疏齒）
- 棉球
- 洗耳液
- 耳鉗
- 吹水機
- 藥用耳粉
- 指甲剪（巨型犬專用）
- Oster A－5電剪／#4、#5、#10號刀頭／1½ inch（4 cm）刀頭套片
- 柄梳
- 蛋白質護毛素
- 純豬鬃毛刷
- 直式剪刀
- 針梳
- 無刺激蛋白增色洗毛精

美容程序

1. 將蛋白質護毛素全面噴灑在犬隻的毛皮上，可以增進犬隻毛皮生長，同時修護分叉。接著使用針梳，以快速梳理，向上撥開毛髮的方式對犬隻做全面的梳理。接著仔細將糾纏打結的毛髮全部梳開。從犬隻的後半身，即裙襬狀毛的底部開始美容，從背部到頸部以分層的方式梳理。若是毛髮糾結得太嚴重，或是生長得過於厚重，可以在清洗之前使用 #5 號刀頭電剪先大致推理過。

2. 用洗耳液沾濕棉球擦拭耳朵，這樣可以去除耳朵汙垢，避免發出異味。接著使用乾燥的棉球擦拭，並在犬隻耳朵撒上藥用耳粉。使用你的手指或耳鉗，將犬隻雙耳內的雜毛輕輕拔掉。

3. 使用圓洞式指甲剪修剪犬隻的指甲，每個月都應該要修剪一次。

4. 檢查肉球與腳底是否有扎到木刺或沾到柏油等等。使用 #10 號刀頭電剪，將腳底與肉球之間的雜毛修剪乾淨。

5. 使用專為黑色或棕色毛系犬種配置的無刺激蛋白洗毛精清洗犬隻，可以使毛髮豐富增生，並重組受損的部分，突顯毛色。

6. 當犬隻還在清洗槽時，使用吹水機將犬隻身上的水分吹掉。這樣可以加快之後的吹乾時間，避免毛皮過度乾燥。使用烘毛籠將犬隻毛皮烘乾到微濕，帶到美容檯上，使用吹風機與柄梳做最後的吹整，並使用梳子將犬隻的毛髮梳開，吹乾後呈現出蓬鬆的樣貌。

7. 使用 #10 號刀頭電剪，剔除肛門周圍的毛。只要清理這個區域就好，不要施加太大的力量。

8. 使用 #10 號刀頭電剪，剃毛犬隻下腹部腹股

溝到肚臍的部位，並沿著大腿內側向下剃。

9. 使用 #5 號刀頭電剪推剪背部與頸部的兩側。

10. 使用 #5 號刀頭電剪推剪身體的部分，依照毛髮的類型與皮膚的敏感度，可以替換不同的刀頭。依據毛皮的紋理推剪顱骨的邊緣到尾巴的基部，#5 號刀頭可以替換成 #7 號刀頭、#5F 號刀頭，或是使用 #10 號刀頭搭配 #1 號刀頭套片，營造出華麗的長毛質感。推剪身體的兩側，從脖子的一邊推到前腿部與身體交接的部位，再往下推到後側大腿。電剪要依照身體的輪廓，沿著毛流生長的方向進行推剪，注意不要逆向或破壞毛流。當你推剪到身體末端時，可以略為提起電剪，讓推剪過的毛交雜進腿部沒推剪過的毛。這個技巧需要輕微轉動你的腕關節，把電剪的最前端當作鏟子一樣使用。你必須盡你所能的將推剪過的邊緣區域混進流蘇狀毛之中，避免留下明顯的推剪線條與分隔痕跡。

11. 使用 #5 號刀頭電剪推剪犬隻的前胸，也就是喉部往下的區塊。注意電剪不要碰觸到前後腿。

12. 使用 #5 號刀頭電剪推剪犬隻的尾部，但是在尾端請留下約 5 至 6 英吋或 13 至 15 公分長的彩球狀毛。請記得，一定要順著毛流，也就是毛髮生長的方向進行修剪，絕對不要破壞毛流紋理。為了避免造成刺激傷害，推剪尾部的內側時，一定要放輕力量。最後將彩球狀毛內不勻稱的雜毛修剪掉。

13. 使用針梳梳理前腿的毛髮，再使用疏齒梳做完整的梳理。將前腳抬起來並稍微搖晃，使前腳的毛流能自然下垂。將腿型修剪成圓柱狀，將推剪區域與非推剪區域之間明顯的推剪痕跡修飾隱藏起來，肩部的毛流也進行修飾處理，使肩部到足部看起來像是一條直線。為足部塑型，使其呈現出圓且緊實的外觀，但是不要露出指甲。

14. 梳刷整理後腿部，並搖動後腿使毛流自然下垂。使用剪刀修整，使臀部與後腿呈現出一體感。後腿應該特別呈現出角度美感，並均勻的修整。修剪飛節的後側線條，使其勻稱，為足部塑造渾圓的外觀，並與腿部呈現出一體感。

葡萄牙水狗

15. 頭部應該塑造成楔型，類似比熊犬。用剪刀或 #4 號刀頭電剪將吻部的毛修短，在兩頰塑造出楔型，接著修剪或推剪下巴。臉部應該要呈現出勻稱的短邊楔型，長邊則往背部延伸並融入頭鬃之中。耳朵與頭部要呈現出一體感，建議臉部以剪刀修剪會好過用電剪推剪。

16. 將頭鬃的毛從雙眼往後往上梳理，然後修剪並與雙耳呈現出一體感，不能呈現出分離的樣貌。

17. 修剪雙耳下方到下巴的線條。使用剪刀，從上往下使雙耳整齊並剪掉糾結成塊的部分。

18. 將蛋白質護毛素噴在純鬃毛刷上，對犬隻的毛皮進行刷理，這樣可以增加毛皮的光澤與香味。

美容程序

1. 將貂油塗抹在毛皮上，並暫留十至十五分鐘。

2. 使用純鬃毛刷或橡膠刷刷理皮毛，將死去的廢毛梳掉。

3. 使用密齒蚤梳對犬隻做全面的梳理。

4. 使用沾濕的棉球清潔臉部皺褶處（鼻子周圍），清潔後要確實擦乾。

5. 檢查雙耳內部是否有耳蠟堆積與異味，使用棉球清除耳蠟並撒上藥用耳粉。

6. 檢查雙眼是否有異常，巴哥犬的眼睛很容易受傷。使用幾滴眼藥水清潔雙眼。

7. 檢查牙齒是否有牙結石堆積，這部分應該請獸醫師處理。

8. 使用 #10 號刀頭電剪剃除吻部的鬍鬚，使犬隻的臉部看起來比較乾淨（這個步驟一般常見於犬展用犬）。

9. 使用品質比較好的沈毛精清洗犬隻。用手指或橡皮刷輕柔刷洗，特別注意腿部與尾部彎曲的部位。接著使用手指將四肢的肉墊清洗乾淨。沖水之後再依照這個步驟洗一次。

10. 將品質比較好的毛皮護髮素塗抹在犬隻的身上，並暫留十至十五分鐘。

11. 使用烘毛籠或手吹吹蓬來烘乾犬隻。

12. 讓犬隻站在美容桌上，使用鬃毛刷刷理並使用密齒排梳梳理犬隻的皮毛。

13. 沿著後腿的線條勻稱修剪，然後修剪捲曲尾巴的雜毛，同時腹部的雜毛也要修剪乾淨。修剪完成後，犬隻必須呈現出美觀且乾淨的輪廓。

14. 小心地修剪指甲，巴哥犬的指甲一般是黑色的，所以剪太快的話不容易注意到血管位

巴哥犬

工具與設備

- 清洗後護毛劑
- 鬃毛刷
- 棉球
- 眼藥水
- 密齒蚤梳
- 梳毛手套
- 藥用耳粉
- 貂油噴霧
- 指甲剪
- Oster A－5電剪／#10 號刀頭
- 凡士林
- 橡膠刷
- 直式剪刀
- 洗毛精
- 止血粉

巴哥犬

置。只要剪掉尖端就好，手邊記得準備好止血粉，指甲剪太短時可以隨時應急使用。

15. 鼻子上可以抹上少量的凡士林。

16. 在犬隻的皮毛上薄博噴上一層披毛亮澤噴霧。

17. 最後使用梳毛手套對犬隻的毛皮進行拋光。

定期檢查巴哥犬面部皺摺的部位，特別是犬隻該部位有明顯的皺摺。每隔幾個星期就檢查一次指甲，不要讓指甲長得太長。每兩個星期就要檢查一次耳朵。

美容程序

波利犬

1. 將蛋白質護毛素全面噴灑在犬隻的毛皮上，可以增進犬隻毛皮生長，同時修護分叉。使用針梳全面刷理犬隻的毛皮，將鬆散的廢毛梳掉並將糾結的部分梳開，接著交互使用拆結牙梳與柄梳做梳理。從犬隻的後半身，即裙襬狀毛的底部開始美容，以分層的方式，在梳理的同時，用另一隻手將犬隻的毛皮向上撥起，一層一層的梳理。當你在梳理的同時，可以同時在每一層噴上亮毛噴劑，絕對不要強硬梳理犬隻乾燥的毛皮。完整梳理好犬隻背部到頸部的整個區塊。在糾纏打結處尚未完全處理完成之前，絕對不能下水清洗，因為該品種的毛一碰到水就會更加收縮糾結，使得打結處更難處理。

2. 用洗耳液沾濕棉球擦拭耳朵，這樣可以去除耳朵汙垢，避免發出異味。接著使用乾燥的棉球擦拭，並在犬隻耳朵撒上藥用耳粉。使用你的手指或是耳鉗，將雙耳內部死去的所有廢毛輕輕拔出。

3. 使用圓洞式指甲剪修剪犬隻的指甲，每個月都應該要修剪一次。

4. 檢查肉球與腳底是否有扎到木刺或沾到柏油等等。修剪腳下到肉球間的毛，避免沾染髒汙。將腳掌周圍會與地面接觸到的毛都剪掉。

5. 剪掉尾巴下方任何生長到肛門處的毛，避免因為沾染排泄物而髒亂。剪掉肛門周圍的毛，保證這個部位的清潔。如果將尾部下方的毛量很豐沛，可以進行修剪或是與周圍的毛修飾在一起。

6. 用無刺激蛋白洗毛精清洗犬隻，這種洗毛精是偏鹼性的，可以使毛髮豐富增生，並重組受損的部分。

工具與設備

- 棉球
- 洗耳液
- 密齒排梳
- 大型犬用柄梳
- 長毛犬種專用拆結牙梳（#565號）
- 藥用耳粉
- 指甲剪（巨型犬專用）
- 蛋白質護毛素
- 純豬鬃毛刷
- 直式剪刀
- 針梳
- 鋼梳（大齒）
- 無刺激蛋白洗毛精

7. 使用密齒排梳梳理雙眼與吻部周圍。

8. 沿著犬隻顱骨的自然輪廓，梳理頭部的毛。在頭部中間製作一個短毛區（大概 2 英吋，約 5 公分長），然後將兩側的毛髮分別向下往兩頰梳理。

9. 接著梳理剛剛製作的短毛區（上一步驟）。將其向下梳理，蓋過眉毛與雙眼，所以這區塊的毛千萬不要剪到眼睛上方。然後將短毛區後方的毛往背部梳順。

10. 位於下巴處的毛髮應該順著吻部往外梳理，臉部其他部位，以及雙耳的毛髮都應該向下梳順。

11. 身體上的毛應該順著自然的毛流梳理，不需要在背部分段。只要順著自然的毛流梳理就好，不需要額外分段。

12. 沿著腳的外部線條進行修剪，使其整齊圓滑。

13. 從上方輕輕噴灑貂油，使其完整覆蓋犬隻的皮毛。使用純鬃毛刷刷裡犬隻的皮毛，增加光澤與香氣。

美容程序

1. 使用豬鬃梳對犬隻做完整的梳理。
2. 使用藥用耳粉清潔耳朵。
3. 使用眼藥水沾濕棉球擦拭兩眼。
4. 使用指甲剪將犬隻的指甲尖端剪除，注意動作不要急躁。
5. 使用剪刀修剪犬隻吻部的鬍鬚，以及下巴下方、臉的兩側與眼睛上方的毛。【注意：若該犬隻非犬展用犬，那麼鬍鬚是否需要完全剪除，請交由飼主決定。】
6. 在犬隻的雙耳內塞入乾棉球（這樣可以防止水跑進耳道），然後清洗犬隻並帶進烘毛籠內烘乾。
7. 將幾滴羊毛脂護毛劑滴在你的手掌上，輕輕搓揉開，並用按摩的方式塗抹在犬隻的毛皮上。
8. 使用豬鬃梳輕柔刷整犬隻的毛皮，讓護毛劑能很好的均勻沾於毛皮上。接著使用麂皮布在犬隻的毛皮上擦拭拋光，這樣可以讓毛皮看起來亮麗有色。

　　羅得西亞背脊犬可以每十二至十四個星期做一次清潔美容。每個星期都要檢查耳朵，有必要的話進行清潔。每個月都要檢查指甲的狀況，有必要的話進行修剪。

羅得西亞背脊犬

工具與設備

- 麂皮布
- 棉球
- 眼藥水（除淚痕液）
- 羊毛脂護毛劑
- 藥用耳粉
- 指甲剪
- 直式剪刀
- 豬鬃梳

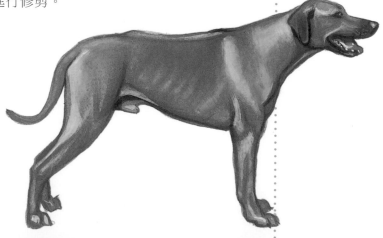

羅威那犬

美容程序

1. 先修剪指甲，只剪去最前端的部分，避免動作太過急躁。如果流血了，可以用止血粉來止血。粗糙的部分用銼刀打磨圓滑。

2. 將棉球以洗耳液沾濕，將兩耳內所有的汙垢與耳蠟擦拭乾淨。

3. 使用針梳對犬隻做全面性的梳理，以梳去所有的糾結與死去的廢毛。

4. 使用你選擇的洗毛精清洗犬隻，要徹底沖洗乾淨。護毛劑可以用來幫助抑制皮屑生成，橡皮刷可以用來幫助起泡並刷去多餘且死去的廢毛。

5. 使用毛巾吸乾水分並帶到烘毛籠內進行徹底的烘乾。

6. 使用魚骨剪，均勻修剪背部到兩隻大腿，背部到兩隻前腿的雜毛，以及頸部的飾毛。

7. 最後再進行一次觸摸，將蛋白質護毛素或是亮毛噴劑均勻噴在犬隻全身毛皮上，用乾淨的布料擦拭犬隻的毛皮，直到帶出光澤。

清潔完成的羅威那犬，會有強壯且整齊的外觀，以及光亮且平順的皮毛呈現。建議每八至十個星期做一次清潔美容。

美容程序

1. 使用針梳對犬隻做全身梳理，特別注意頸部、胸部、大腿與尾部。使用開結梳或廢毛梳將以上這些部位糾結纏繞的毛都梳開，最後再做一次完整的梳理，將鬆落的廢毛梳掉。
2. 使用藥用耳粉清潔耳朵。
3. 使用眼藥水沾濕棉球擦拭兩眼，這也有助於清除眼睛周圍的任何汙垢。
4. 使用指甲剪將犬隻的指甲尖端剪除，注意動作不要急躁。
5. 使用濕棉球清潔犬隻嘴唇的內側，確實清除任何殘留的食物殘渣。
6. 使用剪刀修剪犬隻吻部的鬍鬚，以及下巴下方、臉的兩側與眼睛上方的毛。【注意：若該犬隻非犬展用犬，那麼鬍鬚是否需要完全剪除，請交由飼主決定。】
7. 在犬隻的雙耳內塞入乾棉球，防止水跑進耳道。現在你可以清洗犬隻，清洗完成後帶進烘毛籠或使用手吹吹蓬。
8. 使用打薄剪，將兩隻後腿從飛節開始沿著腿部，以及兩隻前腿從腳踝周圍開始的雜毛全部修剪乾淨。
9. 最後對犬隻做完整的梳刷整理。

長毛聖伯納

工具與設備

- 棉球
- 眼藥水（除淚痕液）
- 開結梳
- 藥用耳粉
- 排梳（疏齒）
- 廢毛梳
- 指甲剪
- 直式剪刀
- 針梳

短毛
聖伯納

工具與設備

- 棉球
- 眼藥水（除淚痕液）
- 藥用耳粉
- 排梳
- 指甲剪
- 直式剪刀
- 蛻毛刀
- 針梳

美容程序

1. 使用針梳對犬隻做全身梳理（在脫毛季，可以使用蛻毛刀從後半部往前半部做整理，特別注意頸部、胸部、大腿與尾部）。最後再做一次完整的梳理，將鬆落的廢毛梳掉。

2. 使用藥用耳粉清潔耳朵。

3. 使用眼藥水沾濕棉球擦拭兩眼，這也有助於清除眼睛周圍的任何汙垢。

4. 使用指甲剪將犬隻的指甲尖端剪除，注意動作不要急躁。

5. 使用濕棉球清潔犬隻嘴唇的內側，確實清除任何殘留的食物殘渣。

6. 使用剪刀修剪犬隻吻部的鬍鬚，以及下巴下方、臉的兩側與眼睛上方的毛。【注意：若該犬隻非犬展用犬，那麼鬍鬚是否需要完全剪除，請交由飼主決定。】

7. 使用剪刀修剪犬隻吻部的鬍鬚，以及下巴下方、臉的兩側與眼睛上方的毛。【注意：若該犬隻非犬展用犬，那麼鬍鬚是否需要完全剪除，請交由飼主決定。】

8. 最後對犬隻做完整的梳刷整理。

短毛聖伯納建議每八至十個星期做一次清潔美容。每個星期都要檢查耳朵，有必要的話進行清潔。在清潔美容的時候檢查指甲並同時修剪。

美容程序

1. 使用堅硬且長刷毛的豬鬃梳刷理身體。使用柄梳梳理雙耳、尾部與身體所有的飾毛。完整梳理犬隻的身體與尾部,梳開糾結的部分並梳掉所有鬆散的廢毛。

2. 使用藥用耳粉清潔耳朵,並輕輕拔除耳內的雜毛。

3. 使用眼藥水沾濕棉球,擦拭清潔犬隻的雙眼。

4. 使用指甲剪將犬隻的指甲尖端剪除,注意動作不要急躁。

5. 使用剪刀修剪犬隻吻部的鬍鬚,以及下巴下方、臉的兩側與眼睛上方的毛。【注意:若該犬隻非犬展用犬,那麼鬍鬚是否需要完全剪除,請交由飼主決定。】

6. 在犬隻的雙耳內塞入乾棉球(這樣可以防止水跑進耳道),然後清洗犬隻並帶進烘毛籠內烘乾。

7. 手吹吹蓬並搭配柄梳,梳理雙耳、尾部與腿部的飾毛。

8. 使用剪刀,剪掉腿部肉球與腳趾間的毛,並沿著腿部的外型進行修剪,以呈現出整潔的樣貌。

9. 勻稱修剪前腿的流蘇狀毛。

10. 使用剪刀或打薄剪,修剪兩隻後腿飛節下方到腳底的所有雜毛。

11. 讓尾巴伸直,將毛向下梳直,修剪下邊緣,使其呈現底部寬,逐漸朝尾尖變細的樣貌。

12. 將些許羊毛脂護毛劑擠到手上,搓揉後輕輕按摩使其滲入犬隻毛皮。

13. 使用豬鬃梳對犬隻做全身梳理。

　　薩路基獵犬建議每八至十個星期做一次清潔美容。每個星期都要檢查耳朵,有必要的話進行清潔。每個月都要檢查指甲的狀況,有必要的話進行修剪。

薩路基
獵犬

工具與設備

- 棉球
- 眼藥水(除淚痕液)
- 羊毛脂護毛劑
- 藥用耳粉
- 排梳(疏齒)
- 指甲剪
- 柄梳
- 直式剪刀
- 豬鬃梳
- 打薄剪

薩摩耶犬

工具與設備

· 棉球
· 眼藥水（除淚痕液）
· 開結梳
· 藥用耳粉
· 排梳（大齒）
· 廢毛梳
· 指甲剪
· 直式剪刀
· 洗毛精（亮白配方）
· 針梳

美容程序

1. 從頭部開始，使用針梳對犬隻做全身梳理。
2. 使用廢毛梳，輕柔梳理犬隻的皮毛。在非換毛季時，不要梳理到底層絨毛，只要用開結梳或廢毛梳，將糾結處的毛梳開。藉由全面梳理，將犬隻身上的廢毛通通梳掉。
3. 使用藥用耳粉清潔耳朵。
4. 使用眼藥水沾濕棉球擦拭兩眼，這也有助於清除眼睛周圍的任何汙垢。
5. 使用指甲剪將犬隻的指甲尖端剪除，注意動作不要急躁。
6. 使用剪刀修剪犬隻吻部的鬍鬚，以及下巴下方、臉的兩側與眼睛上方的毛。【注意：若該犬隻非犬展用犬，則是否要修剪鬍鬚請交由飼主決定。】
7. 將乾棉球分別塞進犬隻的兩隻耳朵內（這樣做可以避免水跑進耳道），接著清洗犬隻並帶進烘毛籠內或手吹吹蓬。
8. 使用剪刀修剪肉球與腳趾間的雜毛，並沿著腿型修剪腿部外觀，呈現出整齊俐落的樣貌。
9. 全面且徹底地梳刷整理犬隻的毛皮。

　　薩摩耶犬，按照其毛色的白皙度與居家生活環境，建議每十至十二個星期做一次清潔美容。飼主定期使用針梳梳理犬隻的被毛，可以增進毛皮的健康，避免底層絨毛打結。每個星期都要檢查耳朵，有必要的話進行清潔。每個月都要檢查指甲的狀況，有必要的話進行修剪。

美容程序

1. 使用針梳對犬隻做全身梳理，再用排梳完整梳理一遍，梳掉所有鬆脫的廢毛。

2. 使用藥用耳粉清潔耳朵，並輕輕拔除耳內的雜毛。

3. 使用指甲剪將犬隻的指甲尖端剪除，注意動作不要急躁。

4. 使用剪刀修剪犬隻吻部的鬍鬚，以及下巴下方、臉的兩側與眼睛上方的毛。【注意：若該犬隻非犬展用犬，則剪除鬍鬚非必要步驟。】

5. 將乾棉球分別塞進犬隻的兩隻耳朵內（這樣做可以避免水跑進耳道），接著清洗犬隻並帶進烘毛籠內烘乾。如果底層絨毛還有些潮濕的話，最後可以將犬隻帶到美容桌上，使用吹風機與針梳進行手吹吹蓬。

6. 使用剪刀修剪肉球與腳趾間的雜毛，並沿著腿型修剪腿部外觀，呈現出整齊俐落的樣貌。

7. 勻稱修剪犬隻胸部的下邊緣以及腹部的流蘇狀毛到腹部上收處。

8. 勻稱修剪四肢的所有雜毛。

9. 使用打薄剪，將臀部區塊打薄，使其呈現圓潤且帶有一點斜度的外觀。

10. 全面且徹底地梳刷整理犬隻的毛皮。

　　史奇派克犬建議每六至八個星期做一次清潔美容。每個星期都要檢查耳朵，有必要的話進行清潔。清潔美容的同時檢查指甲並進行修剪。

史奇派克犬

工具與設備

- 棉球
- 藥用耳粉
- 排梳
- 指甲剪
- 直式剪刀
- 洗毛精
- 針梳
- 打薄剪

蘇格蘭
獵鹿犬

工具與設備

- 棉球
- 眼藥水（除淚痕液）
- 藥用耳粉
- 排梳（密齒）
- 指甲剪
- 直式剪刀
- 豬鬃梳
- 刮刀
- 打薄剪

美容程序

1. 對犬隻做全身梳理。

2. 清理雙耳內部。

3. 使用眼藥水沾濕棉球，擦拭清潔犬隻的眼部。

4. 使用指甲剪將犬隻的指甲尖端剪除，注意動作不要急躁。

5. 在犬隻的雙耳內塞入乾棉球，防止水跑進耳道，塞好後就可以清洗犬隻並帶進烘毛籠內烘乾。

6. 使用豬鬃梳輕柔刷理犬隻的毛皮。

7. 使用打薄剪或刮刀，修剪所有頭頂到雙耳的雜毛。

8. 使用打薄剪，修剪臉頰兩側、頸部與胸部的所有雜毛。

9. 稍稍修剪上下吻部的鬍鬚，使其呈現出直且豐滿的樣貌。

10. 使用剪刀修剪肉球與腳趾間的雜毛，並沿著腿型修剪腿部外觀，呈現出整齊俐落的樣貌。

11. 修剪兩隻前腿的流蘇狀毛 ，使其呈現出勻稱的樣貌。

12. 使用剪刀或打薄剪，將兩隻後腿的飛節處至腳底的所有雜毛修剪乾淨。

13. 讓尾巴伸直，將毛向下梳直，修剪下邊緣，使其呈現底部寬，逐漸朝尾尖變細的樣貌。

14. 使用豬鬃梳對犬隻做完整的刷理。

美容程序

1. 使用針梳對犬隻做全身梳理，再使用排梳完整梳理，將糾纏打結處確實梳開。

2. 使用藥用耳粉清潔耳朵，並輕輕拔除耳內的雜毛。

3. 使用眼藥水沾濕棉球擦拭雙眼。

4. 使用指甲剪將犬隻的指甲尖端剪除，注意動作不要急躁。

5. 使用 #10 號刀頭 Oster 電剪，剃除肛門周圍的毛，並特別注意不要讓刀頭直接接觸到皮膚。（每側約 1 ／ 2 英吋或是 1 公分）。

6. 剃毛犬隻下腹部腹股溝到肚臍的部位，並沿著大腿內側向下剃。

7. 使用 10 號刀頭剃頭部的毛，先從眉毛中心開始處理到顱骨的根部，再從眉毛中心到外眼角。這條推剪線應該在眼睛內角上方約 3 ／ 4 英吋（2 公分）處，並逐漸縮小到外眼角，從而形成一個三角形。接下來，從外眼角往下剃到距嘴角 3 ／ 4 英吋（2 公分）的距離，並繼續穿過下巴下方的這條推剪線。

8. 分別從兩耳的後方斜下剃到喉部的下方，交會於一個點，從而形成一個 V 字型。

9. 在兩耳之間，頭頂位置有三角形飾毛，從耳朵外側的根部中央，逐漸收窄到離耳朵尖端 3 ／ 4 英吋（2 公分）的地方。最後對雙耳內外的其他部份進行剃毛。

10. 使用的 8 號半、7 號或 5 號刀頭電剪（取決於所需的毛皮長度），從頭顱底部沿著背部修剪到尾巴根部。

11. 修剪尾巴的上半部，並向下打層次進底部的流蘇狀毛。向下梳理流蘇狀毛並進行修剪，使其呈現底部最寬並逐漸往尾尖變細的樣貌。

蘇格蘭㹴

工具與設備

- 棉球
- 眼藥水（除淚痕液）
- 藥用耳粉
- 排梳（疏齒）
- 指甲剪
- Oster A－5電剪 ／ #5、#7、#8$\frac{1}{2}$、#10 號刀頭
- 直式剪刀
- 針梳
- 打薄剪

蘇格蘭㹴

12. 使用電剪，從頸部上方往兩側的肩部進行推剪。

13. 從胸部向下推剪到胸骨上方約 1 英吋（2.5 公分）的位置。

14. 在背部找到第一次推剪的推剪線，往下推剪到腹部上收的位置以及臀部（從側面看，修剪的區塊應該由頭至尾呈現一直線）。

15. 完整刷梳整理犬隻的毛皮，梳掉所有鬆脫的廢毛。

16. 將乾棉球分別塞進犬隻的兩隻耳朵內（這樣做可以避免水跑進耳道），接著清洗犬隻並帶進烘毛籠內烘乾。

17. 完整刷梳整理犬隻的毛皮。

18. 同前幾個步驟使用相同的刀頭電剪，再次推剪這些區塊。善用電剪將毛流與推剪區塊修飾在一起。

19. 沿著雙耳背面的形狀進行修剪，也要修剪雙耳耳尖留下的 3／4 英吋（2 公分）的毛。將毛叢向外梳理並修剪形狀，使其底部最寬並逐漸往尖端變細。

20. 將眉毛往前梳，兩個眉毛的中央剪出一個 V 字使其分開。

21. 向前向下梳理臉部的毛與眉毛，將手中剪刀的底部對齊犬隻的鼻子，剪刀的尖端對準犬隻眼睛的外角，以這個角度修剪犬隻的眉毛，剪出有深度三角形。

22. 從鬍鬚的邊緣和側面微微修去雜毛。使用打薄剪讓鬍鬚看起來長且直。

23. 用剪刀剪去肉球與腳部邊緣的毛；在犬隻站立的時候，修整腳部邊緣，使其呈現整潔的樣貌。

24. 使用打薄剪修剪流蘇狀毛上的雜毛與腿部邊緣，使其看起來勻稱。

25. 將胸部的流蘇狀毛向下梳整，並做均勻筆直地修剪。

26. 向下梳理下腹部的流蘇狀毛，並沿著身體的輪廓，將下邊緣修剪勻稱。讓腹部的流蘇狀毛與前胸部的流蘇狀毛彼此平行，並逐漸往後收到位於身體後半部的腹部上收處。

27. 輕柔且完整梳理四肢、所有的流蘇狀毛與臉部，將所有多餘的毛梳掉。

蘇格蘭㹴建議每六至八個星期做一次清潔美容。每個星期都要
檢查耳朵，有必要的話進行清潔。清潔美容的同時檢查指甲並進行
修剪。

西里漢㹴

工具與設備

- 眼藥水（除淚痕液）
- 開結梳
- 藥用耳粉
- 排梳
- 指甲剪
- Oster A－5電剪／#5、
  #7、#8$\frac{1}{2}$、#10號刀頭
- 直式剪刀
- 針梳
- 打薄剪

美容程序

1. 使用針梳對犬隻做全身梳理，再使用排梳完整梳理，以開結梳將糾纏打結處確實梳開。

2. 使用藥用耳粉清潔耳朵，並輕輕拔除耳內的雜毛。

3. 使用眼藥水沾濕棉球擦拭兩眼，這也有助於清除眼睛周圍的任何汙垢。

4. 使用指甲剪將犬隻的指甲尖端剪除，注意動作不要急躁。

5. 使用 10 號刀頭剃頭部的毛，先從眉毛中心開始處理到顱骨的根部，再從眉毛中心到外眼角。這條推剪線應該在眼睛內角上方約 3／4 英吋（2 公分）處，並逐漸縮小到外眼角，從而形成一個三角形。接下來，從外眼角往下剃到距嘴角 3／4 英吋（2 公分）的距離，並繼續穿過下巴下方的這條推剪線。

6. 分別從兩耳的後方斜下剃到喉部的下方，交會於一個點，從而形成一個 V 字型。

7. 使用 #10 號刀頭 Oster 電剪，剃除肛門周圍的毛，並特別注意不要讓刀頭直接接觸到皮膚。（每側約 1／2 英吋或是 1 公分）。

8. 剃毛犬隻下腹部腹股溝到肚臍的部位，並沿著大腿內側向下剃。

9. 使用的 8 號半、7 號或 5 號刀頭電剪（取決於所需的毛皮長度），從頭顱底部沿著背部修剪到尾巴根部。

10. 使用同上一步驟相同的刀頭電剪修剪尾部。

11. 使用電剪，從頸部上方往兩側的肩部進行推剪。

12. 從胸部向下推剪到胸骨上方約 1 英吋（2.5公分）的位置。

13. 在背部找到第一次推剪的推剪線，往下推剪到腹部上收的位置以及臀部（從側面看，修

剪的區塊應該由頭至尾呈現一直線）。

14. 完整刷梳整理犬隻的毛皮，梳掉所有鬆脫的廢毛。

15. 將乾棉球分別塞進犬隻的兩隻耳朵內（這樣做可以避免水跑進耳道），接著清洗犬隻並帶進烘毛籠內烘乾。

16. 完整刷梳整理犬隻的毛皮。

17. 同前幾個步驟使用相同的 Oster 電剪與刀頭，再次推剪這些區塊。善用電剪將毛流與推剪區塊修飾在一起。

18. 沿著雙耳的外型做修剪。

19. 向前向下梳理臉部的毛與眉毛，將手中剪刀的底部對齊犬隻的鼻子，剪刀的尖端對準犬隻眼睛的外角，以這個角度修剪犬隻的眉毛，剪出有深度三角形。請注意不要修剪到眉毛中間與吻部的毛。

20. 從鬍鬚的邊緣和側面微微修去雜毛。使用打薄剪讓鬍鬚看起來長且直。

21. 使用剪刀剪去肉球與腳部邊緣的毛；在犬隻站立的時候，修整腳部邊緣，使其呈現整潔的樣貌。

22. 使用打薄剪修剪流蘇狀毛上的雜毛與腿部邊緣，使其看起來勻稱。

23. 將胸部的流蘇狀毛向下梳整，並做均勻修剪下邊緣的部分。

24. 向下梳理下腹部的流蘇狀毛，並沿著身體的輪廓，將下邊緣修剪勻稱。腹部的流蘇狀毛應該與前胸部的流蘇狀毛彼此平行，並逐漸往後收到位於身體後半部的腹部上收處。

25. 輕柔且完整梳理四肢、所有的流蘇狀毛與臉部，將所有多餘的毛梳掉。

西里漢㹴建議每六至八個星期做一次清潔美容。每個星期都要檢查耳朵，有必要的話進行清潔。清潔美容的同時檢查指甲並進行修剪。

←#10   #5, #7, #8½
↓

喜樂蒂
牧羊犬

工具與設備

- 棉球
- 洗耳液
- 吹水機
- 大型犬用柄梳
- 長毛犬種專用拆結牙梳（#565號）
- 藥用耳粉
- 指甲剪
- Oster A－5電剪／#10號刀頭
- 蛋白質護毛素
- 純豬鬃毛刷
- 直式剪刀
- 針梳
- 鋼梳（密齒／疏齒）
- 無刺激蛋白洗毛精
- 打薄剪
- 多功能木梳

美容程序

1. 將蛋白質護毛素全面噴灑在犬隻的毛皮上，可以增進犬隻毛皮生長，同時修護分叉。使用大柄梳對犬隻做全身梳理，按照需要使用針梳或拆結牙梳處理毛皮糾結的部分。對毛皮分層梳理，交互使用刷子或梳子將犬隻毛皮糾結處與底層絨毛梳開。以分層的方式，在梳理的同時，用另一隻手將犬隻的毛皮一層一層向上撥開，直到所有的糾結與廢毛通通梳掉為止。梳理時要梳到皮毛的底層，但是注意不要直接梳到皮膚，避免造成擦傷。從犬隻的後半身，大約是裙襬狀毛的底部開始美容，直到犬隻的皮毛全部梳開且呈現出滑順的外觀。梳理時可以多出點力，在這個步驟清除的廢毛愈多，之後清潔美容時要處理與烘乾的毛量就愈少。

2. 使用大齒梳對犬隻做全身梳理。使用密齒鋼梳梳理雙耳後方比較軟的毛髮。使用手指將犬隻雙耳內的廢毛取出。

3. 用洗耳液沾濕棉球擦拭耳朵，這樣可以去除耳朵汙垢，避免發出異味。接著使用乾燥的棉球擦拭，並在犬隻耳朵撒上藥用耳粉。

4. 使用圓洞式指甲剪修剪犬隻的指甲，每個月都應該要修剪一次。

5. 檢查肉球與腳底是否有扎到木刺或沾到柏油等等。修剪腳底與肉球間的毛。沿著腳掌將會接觸到地面的毛剪掉，並同時對腿部進行修剪整理。使用打薄剪將腳趾間長出來的毛修剪乾淨，使其呈現出有如「貓腳掌」的樣貌。

6. 使用無刺激蛋白洗毛精清洗犬隻，這種洗毛精是偏鹼性的，可以使毛髮豐富增生，並重組受損的部分。

7. 當犬隻還在清洗槽時，使用吹水機將犬隻身上的水分吹掉。這樣可以加快之後的吹乾時間，避免毛皮過度乾燥。使用烘毛籠將犬隻毛皮烘乾到微濕，接著帶到美容桌，使用吹風機與柄梳做最後的梳整，將所有的毛皮梳開並梳掉所有鬆散的廢毛。

8. 要確定從皮膚開始往外對毛皮做完整的梳理，配合吹風機定型與分開犬隻全身的毛。最後再做一次全面的梳理。

9. 可以使用剪刀修剪掉鬍鬚以突顯臉型，但是這並非必要步驟。

10. 使用密齒排梳梳理頭部與雙耳做收尾，雙耳後方多餘的毛量可以使用打薄剪修剪。

11. 梳理腿部的飾毛，修剪雙足與飛節處多餘的毛量。後腿飛節的下方應該修剪成平滑且與地面垂直的樣貌。前腿留下完整的飾毛，但是要修剪成自然的毛流樣貌，而且不能接觸到地面。

12. 修剪從犬隻尾巴下方延伸到肛門處的長毛，確認肛門周圍乾淨無雜毛。使用 10 號刀頭電剪推掉犬隻尾巴下方區塊的毛，這樣就不會沾染到穢物。

13. 幫犬隻噴上蛋白質護毛素收尾，增加毛皮的光澤與香味。使用柄梳梳理犬隻的皮毛，使皮毛蓬鬆突顯於犬隻的身體上。

西施犬

工具與設備

- 棉球
- 眼藥水（除淚痕液）
- 拆結排梳
- 藥用耳粉
- 排梳（疏齒／密齒）
- 指甲剪
- Oster A－5電剪／#10 號刀頭
- 髮圈
- 直式剪刀
- 針梳

美容程序

1. 從頭部開始，使用針梳做全身到尾部的梳理，配合使用拆結排梳將糾結的地方梳開。最後再用疏齒排梳做全面性的梳理。

2. 使用藥用耳粉清潔耳朵，並輕輕拔除耳內的雜毛。

3. 使用指甲剪將犬隻的指甲尖端剪除，注意動作不要急躁。

4. 使用眼藥水沾濕棉球，擦拭清潔犬隻的眼部。使用剪刀將眼角淚痕剪除。

5. 使用 #10 號刀頭電剪剃去肛門部位的毛，小心別讓刀頭直接碰到皮膚（每側距離約 1／2 英吋或 1 公分）。

6. 使用 #10 號刀頭電剪，剃毛犬隻下腹部腹股溝到肚臍的部位，並沿著大腿內側向下剃。

7. 將乾棉球分別放進犬隻的兩隻耳朵裡（這樣可以避免水跑進耳道）。清洗犬隻並進行手吹吹蓬。

8. 使用疏齒排梳，從犬隻的頭頂到尾巴底部，將毛流沿著背線往身體兩側中分。接著分配頭頂到鼻尖的毛流。也可以使用犬隻頭部從每一隻眼角到相對邊耳朵前角，以及兩耳之間橫越頭頂的毛髮，將其均勻地往後梳理，使用髮圈固定並上髮夾。或者你也可以將毛髮收集起來，勻稱的梳理後編成辮子，使用髮圈固定毛尾並上髮夾。

9. 修剪肉球間的雜毛，將腿部的毛往下梳順，並讓犬隻穩定站立，修剪腿部邊緣的毛，使其呈現出圓柱的樣貌。

10. 使用密齒排梳將犬隻全身的毛流都往下梳順。

有些美容師會提供護毛劑或類似產品給西施犬使用，但是我的經驗告訴我，長期下來，這種做法很容易使犬隻的毛髮變得更加糾結，所以只要使用一罐品質優良的蛋白質洗毛精就夠了。

西施犬應該每二至三個星期做一次清潔美容。飼主應該定期使用扁狀梳與非扁狀梳，幫犬隻做全身的梳理，避免毛髮變得雜亂與糾結。每個星期都要檢查耳朵，有必要的話進行清潔。清潔美容的同時檢查指甲的狀況並修剪。

至於喜歡短毛、好整理且擁有可愛外觀的飼主，可以參考一般資料裡面提供的泰迪熊型。

對於喜歡長毛西施犬的飼主來說，即使是炎熱的夏季，也可以藉由打薄底層毛髮的手法，讓犬隻感到更為舒適。長毛西施犬的美容、清洗與手吹吹蓬的方式可以參考上一頁的步驟說明（步驟1至步驟7）。接著使用疏齒排梳，從背部中線大約1.5至2英吋的位置（4至5公分）將毛髮往下梳理到其中一側。然後將頂層的毛髮梳到犬隻身體的另一側（這樣就不用另外空出手來控制毛髮），然後使用打薄剪，以每次約1英吋（2.5公分）的長度慢慢修剪底層絨毛。另一側以同樣的方式進行，同時處理胸部與大腿的部位。將毛髮從背部中線往下分流之後，進行全面性的梳理。先以金屬疏齒梳梳理之後，再改用密齒排梳梳理。最後綁上髮髻與修剪腳型，美容方式請參考本篇西施犬的美容說明進行。

西伯利亞雪橇犬

美容程序

1. 使用針梳對犬隻做全身梳理。在換毛季節時可以改用蛻毛刀（由後往前進行美容作業）。使用開結梳或廢毛梳將犬隻毛皮糾結的部分梳開。

2. 使用藥用耳粉清潔耳朵，並輕輕拔除耳內的雜毛。

3. 使用眼藥水沾濕棉球擦拭兩眼，這也有助於清除眼睛周圍的任何汙垢。

4. 使用指甲剪將犬隻的指甲尖端剪除，注意動作不要急躁。

5. 使用剪刀修剪犬隻吻部的鬍鬚，以及下巴下方、臉的兩側與眼睛上方的毛。【注意：若該犬隻非犬展用犬，則鬍鬚是否需要完全剪除，請交由飼主決定。】

6. 在犬隻的雙耳內塞入乾棉球（這樣可以防止水跑進耳道），然後清洗犬隻並帶到烘毛籠內烘乾。

7. 使用針梳輕柔地對犬隻做全身梳理。使用廢毛梳順毛，並用排梳做完整梳理。

8. 使用剪刀修剪肉球與腳趾間的毛。修整腳部邊緣，使其呈現整潔的樣貌。

西伯利亞雪橇犬建議每八至十個星期做一次清潔美容。飼主定期梳理犬隻的被毛，可以增進毛皮的光澤，同時避免底層絨毛糾纏打結。每個星期都要檢查耳朵，有必要的話進行清潔。在清潔美容的同時檢查指甲的狀況並做修剪。

美容程序

1. 使用針梳對犬隻做身體與尾部的輕柔梳理。確認將所有糾結纏繞的部位都梳開，最後再使用疏齒排梳做全面的梳理。

2. 用藥用耳粉清潔耳朵，輕輕拔除耳內雜毛。

3. 用指甲剪將指甲尖端剪除，動作不要急躁。

4. 使用眼藥水沾濕棉球，擦拭清潔犬隻的眼部。若是犬隻有眼睛過度流淚且沾黏的情形，請用剪刀將眼角淚痕剪除。

5. 使用 #10 號刀頭電剪，剃除肛門周圍的毛，並特別注意不要讓刀頭直接接觸到皮膚。（每側約 1 ／ 2 英吋或是 1 公分）。

6. 使用 #10 號刀頭電剪，剃毛犬隻下腹部腹股溝到肚臍的部位，並沿著大腿內側向下剃。

7. 在犬隻的雙耳內塞入乾棉球（可防止水跑進耳道），然後清洗犬隻並進行手吹吹蓬。

8. 用 #10 號刀頭電剪，剃毛雙耳內側。用剪刀沿雙耳形狀修過長雜毛，呈現出整潔樣貌。

9. 使用打薄剪，修剪兩隻後腳飛節到足底，與兩隻前腳第一個關節上的雜毛。

10. 用剪刀剪去肉球與腳部邊緣的毛；在犬隻站立時，修整腳部邊緣，使其呈現整潔樣貌。

11. 讓尾巴伸直，將尾巴的毛向下向兩側梳理，並使用剪刀修剪毛流邊緣，在尾巴上留下約 1 ／ 2 英吋（1 公分）的長度。

12. 用密齒排梳，從頭頂到尾巴底部將毛流沿背線往身體兩側中分。再分配頭頂到鼻尖的毛流。

13. 用密齒排梳，向下梳毛流，做完整的梳理。

　　建議每八至十週做一次清潔美容。每週都要檢查耳朵，有必要的話進行清潔。每月都要檢查指甲，有必要的話進行修剪。

工具與設備

- 棉球
- 眼藥水（除淚痕液）
- 藥用耳粉
- 排梳（疏齒／密齒）
- 指甲剪
- Oster A－5電剪／#10 號刀頭
- 直式剪刀
- 針梳
- 打薄剪

斯凱獚

工具與設備

- 棉球
- 拆結排梳
- 藥用耳粉
- 排梳（疏齒／密齒）
- 指甲剪
- Oster A－5電剪／#10 號刀頭
- 直式剪刀
- 針梳

美容程序

1. 使用針梳對犬隻做身體與尾部的輕柔梳理。使用拆結排梳將所有糾結纏繞的部位都梳開，最後再使用疏齒排梳做全面的梳理。
2. 用藥用耳粉清潔耳朵，輕輕拔除耳內雜毛。
3. 用指甲剪將指甲尖端剪除，動作不要急躁。
4. 使用眼藥水沾濕棉球，擦拭清潔犬隻的眼部。若是犬隻有眼睛過度流淚且沾黏的情形，請用剪刀將眼角淚痕剪除。
5. 使用 #10 號刀頭電剪，剃除肛門周圍的毛，並特別注意不要讓刀頭直接接觸到皮膚。（每側約 1／2 英吋或是 1 公分）。
6. 使用 #10 號刀頭電剪，剃毛犬隻下腹部腹股溝到肚臍的部位，並沿著大腿內側向下剃。
7. 在犬隻的雙耳內塞入乾棉球（可防止水跑進耳道），然後清洗犬隻並進行手吹吹蓬。
8. 用密齒排梳，輕柔且徹底進行全面梳理。
9. 用疏齒排梳，從頭頂到尾巴底部將毛流沿背線往兩側中分。再分頭頂到鼻尖的毛流。
10. 將頭頂到鼻尖的毛流通通往下梳順。
11. 在犬隻站立的時候，順著腳部邊緣做修整，使其呈現整潔的樣貌。
12. 讓尾巴伸直，將尾巴的毛向下向兩側梳，用剪刀修毛流邊緣，使尾巴朝尾尖逐漸變細。尾部流蘇狀毛應盡量呈現長且豐沛的樣貌。

有些飼主會提供護毛劑或類似產品給斯凱獚使用，但我的經驗告訴我，長期下來這種做法很容易使犬隻毛髮更加糾結，所以只要使用一罐品質優良的蛋白質洗毛精就夠了。

應每四週做一次清潔美容。飼主應定期用扁狀梳與非扁狀梳幫犬隻做全身梳理，避免毛髮雜亂糾結。每週都要檢查耳朵，有必要的話進行清潔。美容的同時檢查指甲並修剪。

美容程序

1. *加重力道使用畫長線的手法，以豬鬃梳對犬隻做全身梳理。*
2. *使用藥用耳粉清潔耳朵。*
3. *使用眼藥水沾濕棉球擦拭兩眼，這也有助於清除眼睛周圍的任何汙垢。*
4. *使用指甲剪將犬隻的指甲尖端剪除，注意動作不要急躁。*
5. *使用剪刀修剪犬隻吻部的鬍鬚，以及下巴下方、臉的兩側與眼睛上方的毛。【注意：若該犬隻非犬展用犬，鬍鬚是否需要完全剪除，請交由飼主決定。】*
6. *在犬隻的雙耳內塞入乾棉球（這樣可以防止水跑進耳道），然後清洗犬隻並帶到烘毛籠內烘乾。*
7. *將幾滴羊毛脂護毛劑滴在你的手掌上，輕輕搓揉開，並用按摩的方式塗抹在犬隻的毛皮上。用量可以依照需求調整。*
8. *使用豬鬃梳將蛋白質護毛素刷上犬隻的毛皮，然後用麂皮布輕輕擦拭，使其呈現出亮麗的光澤。*

北非獵犬建議每十至十二個星期做一次清潔美容。每個星期都要檢查耳朵，有必要的話進行清潔。每個月都要檢查指甲的狀況，有必要的話進行修剪。

北非獵犬

工具與設備

- 麂皮布
- 棉球
- 眼藥水（除淚痕液）
- 羊毛脂護毛劑
- 藥用耳粉
- 指甲剪
- 直式剪刀
- 豬鬃梳

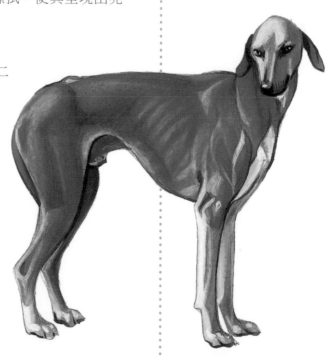

愛爾蘭
軟毛㹴

工具與設備

- 亮毛噴劑
- 梳子（密齒／疏齒）
- 棉球
- 洗耳液
- 耳鉗
- 吹水機
- 長毛犬種專用拆結牙梳
  （#565號）
- 藥用耳粉
- 貂油噴霧
- 指甲剪（巨型犬專用）
- Oster A－5電剪／#4、
  #10號刀頭、#1號刀
  頭套片
- 柄梳
- 蛋白質護毛素
- 純豬鬃毛刷
- 直式剪刀
- 針梳
- 無刺激蛋白洗毛精
- 打薄剪

美容程序

1. 將蛋白質護毛素全面噴灑在犬隻的毛皮上，可以增進犬隻毛皮生長，同時修護分叉。使用針梳全面刷理犬隻的毛皮，接著使用拆結牙梳將犬隻死去的底層絨毛通通梳掉。從犬隻的後半身，即裙襬狀毛的底部開始美容，以分層的方式梳理犬隻背部到頸部的整個區塊。梳理時可以加些力道，在這個步驟清除的廢毛愈多，之後清潔美容時要處理與烘乾的毛量就愈少。

2. 將棉球用洗耳液沾濕，擦洗犬隻的耳朵，去除耳朵汙垢，避免發出異味。接著使用乾燥的棉球擦拭，並在犬隻耳朵撒上藥用耳粉。使用你的手指或耳鉗拔掉耳朵內的雜毛。

3. 使用圓洞式指甲剪修剪犬隻的指甲，每個月都應該要修剪一次。

4. 檢查肉球與腳底是否有扎到木刺或沾到柏油等等。使用 #10 號刀頭電剪，修剪腳底與腳掌間的毛。

5. 使用不流淚蛋白質養護配方洗毛精清洗犬隻，這種洗毛精是偏鹼性的，可以使毛髮豐富增生，並重組受損的部分。

6. 當犬隻還在清洗槽時，先用吹水機將犬隻身上多餘的水分吹掉，這樣可以加快之後的吹乾時間，避免毛皮過度乾燥。使用烘毛籠將犬隻毛皮烘乾到微濕，噴上亮毛噴劑，然後帶到美容桌上使用吹風機和柄梳做最後的吹整，同時將所有的毛髮梳順，梳掉脫落的廢毛。

7. 使用疏齒梳，將犬隻的皮毛完全梳開。

8. 使用 #10 號刀頭電剪修除肛門附近的雜毛，只要推剪這個部位，而且注意將力道放輕。

9. 使用 #10 號刀頭電剪，順著毛流剃下腹部的毛。

10. 使用 #10 號刀頭電剪，從耳朵底部到耳朵尖，剃耳朵內側的毛。接著往回梳理外耳部的毛。保留在耳朵摺線上方的毛髮，這將會成為頭部美容的一個重要環節。將打薄剪靠著耳尖的皮膚，並指向耳朵的折線，順著這個角度做修剪，使折耳處的毛量多於耳尖。至於折耳處的毛長應該要和頭頂部的毛長相等。沿著耳朵外部進行修剪時，請使用你的拇指作為保護阻隔，避免剪出傷口。

11. 將鬍鬚向上撥開，使用 #4 號刀頭電剪推剪下巴處，留下豐厚的鬍鬚。

12. 使用 #4 號刀頭電剪推剪喉部，將兩耳當作端點，以大寫的 U 字型移動推剪。

13. 使用 #4 號刀頭電剪，推剪頭部底端到尾部的身體部分。推剪背部與頸部兩側。依照毛皮的類型與你想呈現的外貌，可以自由選擇修剪身體的電剪刀頭，例如 #4 號刀頭改為 #5 號刀頭，或是想呈現毛流較長的外觀，可以選用 #10 號刀頭搭配 #1 號刀頭套片。推剪犬隻身體兩側，推剪的部位為頸部開始到前腿與身體交接處，然後到達後腿的大腿部。在外觀上，犬隻從前肘部到臀部應該呈現出勻稱的斜線。依照身體的輪廓，使用電剪沿著毛流生長的方向進行推剪，注意不要逆向或破壞毛流。當你推剪到身體末端時，可以略為提起電剪，讓推剪過的毛與沒推剪過的毛能交雜進裙襬狀毛與腿部的毛髮之中。這個技巧需要輕微轉動你的腕關節，把電剪的最前端當作鑷子一樣使用。你必須盡你所能的將推剪過的邊緣區域混進周圍的流蘇狀毛之中，避免留下明顯的推剪線條與分隔痕跡。

14. 使用 #4 號刀頭電剪推剪尾部，沿著毛流生長的方向進行推剪，注意不要逆向或破壞毛流。為了避免刺激，在修剪尾部下方時，請特別放輕力道，密密修剪。最後尾部呈現的樣貌要像冰淇淋餅乾杯一樣，上尖下寬。

15. 使用 #4 號刀頭電剪，推剪犬隻前胸並延伸到前胸下方的區塊，在兩隻前腿之間做出流蘇狀毛，以製造胸部的深度感。接著將剪刀指向下方，沿著犬隻的下腹部，往後腿修剪整排的流蘇狀毛。

愛爾蘭軟毛㹴

16. 使用針梳,將犬隻兩隻前腳的毛先往上梳理再往下梳回,再使用疏齒梳梳理犬隻的身體。抬起犬隻的腳輕輕搖動,讓毛流自然垂下。使用剪刀,將腿部的毛修剪成圓柱形,再用打薄剪,混合修整任何修剪過與未修剪的區塊,毛流明顯有不平整的地方。將毛流與肩部的毛流混合在一起,使肩部到腳部成一直線。最後再修剪塑形,使足部看起來圓潤簡潔,但不要露出指甲。

17. 勻稱修剪身體兩側的飾毛,使其在犬隻的胸部與胸骨處看起來豐厚飽滿。接著順著下腹部勻稱往後修剪,使身體上收處看起來俐落整潔。將剪刀指向下方,以這個角度往下朝犬隻的腳內跟進行修剪。修剪毛尾可以使毛流呈現出挺立的樣貌。

18. 將犬隻兩隻後腿的毛往上梳理再往下梳回。梳理身體後,抬起犬隻的腳輕輕搖動,讓毛流自然垂下。使用剪刀修剪後臀部的毛,使其與後腿的毛流混合在一起。後腿的部分必須呈現出良好的角度,且應該勻稱的修剪。修剪後大腿內側到腹股溝的下方,然後修整飛節處的毛尾,使其與地面成為一條垂直線,梳理前半面並將雜毛修掉。沿著腿部做修整,呈現出膝關節。從任何角度觀察,後腿的下半部都應該要呈現出圓柱狀。

19. 將頭頂的毛向前梳理,蓋到臉部。使用剪刀,刀尖指向鼻子,從頭頂修剪到顱骨後方約 1 英吋(2.5 公分)處。長度修剪的準則是,當你往犬隻的眼部看過去時,毛長會逐漸增加。臉部的毛長應該要能與雙耳,以及前額的毛修飾在一起。

20. 為了避免兩頰突起,造成國字臉,請將犬隻的耳朵向上翻起,用剪刀修剪兩頰的毛。

21. 向前梳理「小麥穗」(就是頭部的流蘇狀毛或是像爆炸一樣的毛髮向下垂落的部分)。使用剪刀,刀尖指向鼻子並修剪雙眼外側邊緣的毛,使眼睛看的到,但不會完全暴露出來,注意不要製造出遮陽板或眉毛的效果。

22. 將犬隻鬍鬚的部分朝前梳理,並修剪掉雜亂生長或是過長的鬍鬚,使犬隻外表整潔乾淨。

23. 從上方輕輕噴灑貂油,使其完整覆蓋犬隻的皮毛。使用純鬃毛刷刷裡犬隻的皮毛,增加光澤與香氣。

若是想要修剪得比較接近展場型，可以按照上述步驟進行，但是不能使用 #4 號刀頭電剪剃任何需要修剪的區域。整個犬隻都修剪都要使用打薄剪或是 #10 號刀頭電剪搭配 #1 號刀頭套片作保護。如果是使用打薄剪，請記得打薄剪的兩個使用手法為打薄與細修，打薄可以使毛皮平整，細修可以突顯毛流。在構築你心目中的樣貌時，至少留下 3 ／ 4 英吋（2 公分）到 1 英吋（2.5 公分）的毛長，並將整身的毛層次融合在一起，呈現出自然且穠纖合度的外貌。為了營造出自然的外觀，請務必沿著頂部線留下足夠的毛量，這樣長度才足以自然覆蓋而下，這個部分不需要突顯，反而必須融入身體兩側。將犬隻後半部，位於側腹部的毛打薄並修剪毛尾，以便與身體後半部較短的毛流融合在一起。

　　將尾巴根部所有多餘的毛打薄，以便頂部線的毛流平順融入尾部。注意不要修剪過多，避免直接看到皮膚，臀部應該要留下至少 3 ／ 4 英吋（2 公分）到 1 英吋（2.5 公分）的毛長。尾巴背側的毛應該修剪乾淨，突顯尾部，呈現有如直立旗桿的樣貌。下腹部需要修剪得平順整潔，身體頂部與兩側的毛流應該很好的覆蓋在身體上，且毛流彼此融合。

　　雙肩處可以修薄，使毛流平順從肩隆處往下逐漸擴大到肘部三分之一處，融入前腿。肘部的毛則應該直線落到足部。

　　如果你使用的是 #10 號刀頭電剪搭配 #1 號刀頭套片，請按照電剪的步驟進行剃毛。然而，在使用 #10 號刀頭電剪搭配 #1 號刀頭套片做完剃毛後，還是需要用剪刀，修剪整理所有被剃毛過的區域，使毛皮勻稱平整。修剪也有助於將剃毛區塊的毛流修飾進非剃毛區塊內，使整體外觀看起來自然流暢。

斯塔福郡鬥牛㹴

工具與設備

- 麂皮布
- 棉球
- 眼藥水（除淚痕液）
- 羊毛脂護毛劑
- 藥用耳粉
- 指甲剪
- 直式剪刀
- 豬鬃梳

美容程序

1. 使用豬鬃梳對犬隻做全面性的毛皮梳理，使用長且深的刷理手法進行深度按摩。

2. 使用藥用耳粉清潔耳朵。

3. 使用眼藥水沾濕棉球擦拭兩眼，這也有助於清除眼睛周圍的任何汙垢。

4. 使用指甲剪將犬隻的指甲尖端剪除，注意動作不要急躁。

5. 使用剪刀修剪犬隻吻部的鬍鬚，以及下巴下方、臉的兩側與眼睛上方的毛。【注意：若該犬隻非犬展用犬，鬍鬚是否需要完全剪除，請交由飼主決定。】

6. 在犬隻的雙耳內塞入乾棉球（這樣可以防止水跑進耳道），然後清洗犬隻並帶進烘毛籠內烘乾。

7. 將些許羊毛脂護毛劑擠到手上，搓揉後輕輕按摩使其滲入犬隻毛皮。

8. 用豬鬃梳塗開護毛劑，然後用麂皮布輕輕擦拭毛皮，這能讓毛皮煥發光澤。

斯塔福郡鬥牛㹴建議每十至十二個星期做一次清潔美容。每個星期都要檢查耳朵，有必要的話進行清潔。每個月都要檢查指甲的狀況，有必要的話進行修剪。

美容程序

1. 使用針梳對犬隻進行全身梳理，再使用排梳做完整的梳理。

2. 使用藥用耳粉清潔耳朵，並輕輕拔除耳內的雜毛。

3. 使用眼藥水沾濕棉球擦拭兩眼，這也有助於清除眼睛周圍的任何汙垢。

4. 使用指甲剪將犬隻的指甲尖端剪除，注意動作不要急躁。

5. 使用 10 號刀頭剃頭部的毛，先從眉毛中心開始處理到顱骨的根部，再從眉毛中心到外眼角。這條推剪線應該在眼睛內角上方約 3／4 英吋（2 公分）處，並逐漸縮小到外眼角，從而形成一個三角形。接下來，從外眼角往下剃毛到距嘴角 3／4 英吋（2 公分）的距離，並繼續穿過下巴下方的這條推剪線。

6. 從雙耳開始沿著兩個方向進行剃毛，分別從兩耳的後方斜下剃毛到喉部的下方，交會於一個點，形成一個 V 字型。

7. 剃肛門周圍的毛，並特別注意不要讓刀頭直接接觸到皮膚。（每側約 1／2 英吋或是 1 公分）。

8. 剃毛犬隻下腹部腹股溝到肚臍的部位，並沿著大腿內側向下剃。

9. 使用 #10 號、#8 號半或是 #7 號刀頭電剪（取決於你希望留下多長的毛）從顱骨下方開始，向下沿著背部推剪到尾部。

10. 推剪整條尾巴。

11. 使用電剪，從頸部往兩側的肩部向下推剪到肘部。

12. 從胸部向下推剪到胸骨，沿著修剪線向下傾斜修剪至前腿中央部位。

標準型 雪納瑞

工具與設備

- 棉球
- 眼藥水（除淚痕液）
- 大型犬用指甲剪
- 排梳（疏齒）
- 藥用耳粉
- Oster A－5電剪／#7 、#8$^1/_2$、#10 號刀頭
- 直式剪刀
- 針梳

標準型雪納瑞

13. 在背部找到第一次推剪的推剪線，從兩側往下推剪到腹部上收處，並從腹部上收處的位置直線向下修剪到飛節。

14. 繼續修剪犬隻的後半身（從側面看，修剪線應該從胸骨處成斜面向下，沿著直線橫過兩隻前腿的上方，再向上斜穿過腹部，然後斜面向下到達飛節，在後腿部形成一個大寫的 V 字型。）

15. 使用針梳完整刷梳犬隻的毛皮。

16. 將乾棉球分別塞進犬隻的兩隻耳朵內，避免水跑進耳道，接著清洗犬隻並帶進烘毛籠內烘乾。

17. 完整刷梳整理犬隻的毛皮。

18. 同前幾個步驟使用相同的 Oster 刀頭 A－5 電剪，再次推剪這些區塊。將推剪區塊的毛流向下與未修剪區塊修飾在一起。

19. 沿著雙耳的形狀進行修剪。

20. 在雙眉之間剪出 V 字型使雙眉分開。

21. 在口吻部取中線向下梳理毛流，沿著兩側邊緣進行修剪，使毛流往外側眼角逐漸變得尖細。

22. 向前梳理眉毛，將手中剪刀的底部對齊犬隻的鼻子，剪刀的尖端對準犬隻眼睛的外角，以這個角度修剪犬隻的眉毛，剪出有深度三角形（請注意不要修剪到上吻部的毛）。

23. 修剪肉球之間的雜毛；在犬隻站立的時候，修整腳部邊緣，使其呈現圓柱體的外觀。（先做這個步驟可以讓你在修剪腿部時做為基準）。

24. 修剪前腿使其呈現圓柱體的外觀。

25. 將胸部的部的流蘇狀毛修剪勻稱。

26. 修剪腹部的流蘇狀毛。依照犬隻的輪廓，從兩隻前腿的肘部，往後半腹部上收處的位置逐漸修細。

27. 依照自然的輪廓修剪兩隻後腳的型，內側應該直線修往飛節處，並逐漸修尖到推剪線。

28. 輕柔且完整梳理四肢、所有的流蘇狀毛與臉部，將所有多餘的毛梳掉。

標準型雪納瑞建議每六至八個星期做一次清潔美容。每個星期都要檢查耳朵，有必要的話進行清潔。清潔美容的同時檢查指甲並進行修剪。特別注意頭部、臉部與喉部都應該要順著毛流進行剃毛。

#5, #7, #8½

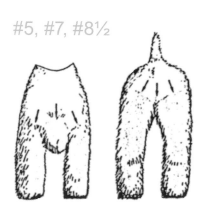

#10 →

#10, #7, #8½
↓

薩塞克斯獵犬

美容程序

1. 先修剪指甲，只剪去最前端的部分，避免動作太過急躁。如果流血了，可以用止血粉來止血。粗糙的部分用銼刀打磨圓滑。

2. 使用洗耳液清潔雙耳。將棉球以洗耳液沾濕，將兩耳內所有的汙垢與耳蠟擦拭乾淨。

3. 使用 #15 號刀頭電剪，將肉球與腳底所有的毛剃除乾淨。

4. 使用 #10 號刀頭電剪剃除下腹部的毛。沿著毛流的生長方向修剪腹股溝到肚臍的部位。

5. 對犬隻做全面性的梳理，以梳去所有的糾結與死去的廢毛。

6. 使用你選擇的洗毛精清洗犬隻，要徹底沖洗乾淨。護毛劑可以用來幫助減少靜電產生，使毛皮柔順平整。

7. 使用毛巾吸乾水分，然後帶到美容桌，使用吹風機並順著毛流自然生長的方向做最後的吹乾修整。皮毛應該呈現出平整柔順的樣貌。

8. 使用魚骨剪，將生長在腳趾縫隙多餘的毛剪掉，讓腳部呈現整潔的樣貌。

9. 使用魚骨剪將所有臉部與吻部的雜毛修掉。

10. 使用魚骨剪修掉雙耳頂部多餘的毛髮，並將這個區域的毛髮與顱骨處的毛髮修飾交融在一起。頭頂出現的任何一根雜毛都要修除掉，折耳下方以及耳道前方多餘的毛也都要修掉，這樣能幫助空氣流通，使耳型更靠近頭部。

11. 修掉飛節後方的毛。

12. 修掉所有使犬隻外貌看起來不美觀平整的雜毛。

工具與設備

- 魚骨剪
- 梳子
- 棉球
- 洗耳液
- 指甲剪（圓洞式或直剪式）
- Oster A－5電剪／#10、#15號刀頭
- 洗毛精
- 針梳
- 直式剪刀
- 止血粉

美容程序

瑞典牧羊犬

1. 從頭部開始，使用針梳對犬隻做全身梳理。

2. 使用廢毛梳，輕柔梳理犬隻的皮毛。在非換毛季時，不要梳理到底層絨毛，只要簡單使用開結梳或廢毛梳，將糾結處的毛梳開即可。藉由全面梳理，將犬隻身上的廢毛通通梳掉。

3. 使用藥用耳粉清潔耳朵。

4. 使用眼藥水沾濕棉球擦拭兩眼，這也有助於清除眼睛周圍的任何汙垢。

5. 使用指甲剪將犬隻的指甲尖端剪除，注意動作不要急躁。

6. 使用剪刀修剪犬隻吻部的鬍鬚，以及下巴下方、臉的兩側與眼睛上方的毛。【注意：若該犬隻非犬展用犬，則是否要剪剪鬍鬚請交由飼主決定。】

7. 將乾棉球分別塞進犬隻的兩隻耳朵內（這樣做可以避免水跑進耳道），接著清洗犬隻並帶進烘毛籠內烘乾。

8. 使用剪刀修剪肉球與腳趾間的雜毛，並沿著腿型修剪腿部外觀，呈現出整齊俐落的樣貌。

9. 全面且徹底地梳刷整理犬隻的毛皮。

　　瑞典牧羊犬建議每八至十個星期做一次清潔美容。飼主定期使用針梳梳理犬隻的被毛，可以增進毛皮的健康，避免底層絨毛打結。每個星期都要檢查耳朵，有必要的話進行清潔。清潔美容的同時檢查指甲的狀況並進行修剪。

工具與設備

- 棉球
- 眼藥水（除淚痕液）
- 藥用耳粉
- 排梳（疏齒）
- 廢毛梳
- 指甲剪
- 直式剪刀
- 針梳

藏獒

工具與設備

- 棉球
- 眼藥水（除淚痕液）
- 開結梳
- 藥用耳粉
- 排梳（疏齒）
- 廢毛梳
- 指甲剪
- 剪刀
- 針梳
- 打薄剪

美容程序

1. 用針梳梳理犬隻全身的毛皮，頸部、胸部、尾巴和大腿都要格外留意，用開結梳或廢毛梳去除打結或糾纏的毛。

2. 徹底梳理毛皮以去除廢毛。

3. 以藥用耳粉清潔耳朵，並輕輕拔除耳朵內的雜毛。

4. 用棉球沾眼藥水清潔眼睛部位。

5. 以指甲剪剪去指甲的尖端，小心不要剪到肉。

6. 用沾濕了的棉球清理嘴唇內側，去除卡住的食物殘渣。

7. 用剪刀修剪吻部、下巴、臉頰兩側與眼睛上方的毛。【注意：若不是參展犬隻，則要不要修剪這些毛由飼主決定。】

8. 為防止水分進入耳道，先將棉球塞入耳朵中再幫犬隻洗澡。以烘毛籠烘乾或手吹吹蓬。

9. 用剪刀剪去肉球與腳趾間的毛，以及腳邊緣的毛來呈現出整潔的樣子。

10. 用剪刀或打薄剪，修剪前腳腳踝週遭與後腳週圍到腿部蓬亂的毛。

11. 徹底梳理犬隻全身的毛皮。

美容程序

1. 從頭部開始，以針梳徹底梳理犬隻全身的毛皮。以開結梳去除糾纏的毛皮。徹底梳理毛皮以去除廢毛。如果犬隻毛皮打結的情況很嚴重，從足部開始逐段往上梳理腿部。從下半身開始，上半身也比照辦理。

2. 以藥用耳粉清潔耳朵，並輕輕拔除耳朵內的雜毛。

3. 用棉球沾眼藥水清潔眼睛部位。這也有助於去除眼睛週遭的髒汙。

4. 以指甲剪剪去指甲的尖端，小心不要剪到肉。

5. 使用 #10 號刀頭電剪剃去肛門部位的毛，小心別讓刀頭直接碰到皮膚（距離 1 ／ 2 英吋，1 公分）。

6. 剃去腹部區域的毛，從腹股溝剃到肚臍下方再到大腿內側。

7. 為防止水分進入耳道，先將棉球塞入耳朵中再幫犬隻洗澡。用烘毛籠烘乾犬隻的毛皮以去除多餘水分。

8. 將犬隻置於美容桌上，以吹風機與針梳完成乾燥程序。

9. 用剪刀剪去肉球與腳趾間的毛；在犬隻站立的時候，輕輕剪去腳部邊緣的毛來呈現出整潔的樣子。

西藏㹴

工具與設備

- 棉球
- 眼藥水（除淚痕液）
- 開結梳
- 排梳（疏齒）
- 指甲剪
- Oster A－5理毛剪／ #10號刀頭
- 剪刀
- 針梳

維茲拉犬

工具與設備

- 魚骨剪
- 棉球
- 洗耳液
- 梳毛手套
- 指甲剪（圓洞式或直剪式）
- 橡膠刷
- 洗毛精（泛用型或修護型）
- 噴霧護毛劑
- 直式剪刀
- 刮刀
- 止血粉

美容程序

1. 先修剪指甲，只剪去最前端的部分，避免剪到肉。如果流血了，用止血粉來止血。粗糙的部分用銼刀打磨圓滑。

2. 用洗耳液清理耳朵。以棉球沾洗耳液，清除兩耳累積的髒汙與耳垢。

3. 如果有多餘的毛，（以使用梳子的方式運用刮刀）梳理毛皮以去除之。

4. 以你所選擇的洗毛精為犬隻洗澡。徹底沖洗乾淨。如果犬隻有皮屑的情形，可以在洗完澡後為毛皮進行保養或熱油修護。

5. 以毛巾擦乾犬隻的身體，再將其放入烘毛籠中直至完全乾燥。

6. 接縫（有兩種不同生長方向的毛的區塊）處可以用魚骨剪加以混合。大腿後方的多餘犬毛可以予以去除，前腳後方的亦同。尾巴下方也要修剪乾淨。

7. 鬍鬚與眉毛可以視需求修剪。

8. 在最後的修飾階段，可以將少量的護毛噴劑或亮毛噴劑噴灑在毛皮上，再用乾淨的布料或梳毛手套拋光。

　　美容完畢的維茲拉犬應該要有清楚的輪廓與亮澤的毛皮。每十到十二週就應該美容一次。

美容程序

1. 修剪指甲，只剪去最前端的部分；要避免剪到肉。如果流血了，用止血粉來止血。粗糙的部分用銼刀打磨圓滑。

2. 用洗耳液清理耳朵。以棉球沾洗耳液，清除兩耳累積的髒汙與耳垢。

3. 如果有多餘的毛，（以使用梳子的方式運用刮刀）梳理毛皮以去除之。

4. 以你所選擇的洗毛精為犬隻洗澡。徹底沖洗乾淨。如果犬隻有皮屑的情形，可以在洗完澡後為毛皮進行保養或熱油修護。

5. 以毛巾擦乾犬隻的身體，再將其放入烘毛籠中直至完全乾燥。

6. 接縫（有兩種不同生長方向的毛的區塊）處可以用魚骨剪加以混合。大腿後方的多餘犬毛可以予以去除，前腳後方的亦同。尾巴下方也要修剪乾淨。

7. 鬍鬚與眉毛可以視需求修剪。

8. 在最後的修飾階段，可以將少量的護毛噴劑或亮毛劑噴灑在毛皮上，再用乾淨的布料或梳毛手套拋光。

　　美容完畢的威瑪犬應該要有清楚的輪廓與亮澤的毛皮。每十到十二週就應該美容一次。

威瑪犬

工具與設備

- 魚骨剪
- 棉球
- 洗耳液
- 梳毛手套
- 指甲剪（圓洞式或直剪式）
- 橡膠刷
- 洗毛精
- 噴霧護毛劑
- 直式剪刀
- 刮刀
- 止血粉

威爾斯激飛獵犬

工具與設備

- 棉球
- 眼藥水（除淚痕液）
- 藥用耳粉
- 排梳（疏齒）
- 指甲剪
- Oster A－5理毛剪／ #10號刀頭
- 剪刀
- 針梳
- 打薄剪

美容程序

1.　用針梳梳理毛皮，以去除廢毛。
2.　以藥用耳粉清潔耳朵，並輕輕拔除耳朵內的雜毛。
3.　用棉球沾眼藥水清潔眼睛部位。
4.　以指甲剪剪去指甲的尖端，小心不要剪到肉。
5.　用剪刀修剪吻部、下巴、臉頰兩側與眼睛上方的毛。
6.　使用 #10 號刀頭電剪剃去肛門部位的毛，小心別讓刀頭直接碰到皮膚（距離1／2英吋，1公分）。
7.　剃去腹部區域的毛，從腹股溝剃到肚臍下方再到大腿內側。
8.　為防止水分進入耳道，先將棉球塞入耳朵中，幫犬隻洗澡，再用烘毛籠烘乾犬隻的毛皮。
9.　徹底刷、梳理犬隻的毛皮。
10. 用打薄剪修剪臉部正面與側面散亂的毛。
11. 用打薄剪修剪背部上方散亂的毛讓毛皮平順。
12. 用剪刀或打薄剪修剪後腿飛節到腳部以及前腳膝蓋附近散亂的毛。
13. 用剪刀剪去肉球與腳趾間的毛，以及腳邊緣的毛來呈現出整潔的樣子。
14. 用剪刀將腿部的邊緣修剪均勻。
15. 徹底梳理毛皮以去除廢毛。

　　威爾斯激飛獵犬每六到八週就應該美容一次。耳朵則需要每週檢查一次，在必要時進行清潔，指甲在美容時一併檢查與修剪。

美容程序

1. 用針梳梳理犬隻全身的毛皮與尾巴。用排梳徹底梳理，注意打結的地方。

2. 用棉球沾眼藥水清潔眼睛部位。這也有助於去除眼睛週遭的髒汙。

3. 以藥用耳粉清潔耳朵，並輕輕拔除耳朵內的雜毛。

4. 用圓洞式指甲剪剪指甲。指甲應該每月修剪。

5. 用 Oster A-5 理毛剪的 #10 號刀頭剃毛頭部，從眉心剃到頭顱後方。【注意：剃除頭部、面部、喉部時要剃乾淨。】再從眉心剃到眼睛外側的角落。這條線應該位於內眼角上方 3／4 英吋（2 公分）左右，然後慢慢變細到外眼角，構成一個三角形。接下來，從外眼角下方剃到距離嘴角 3／4 英吋（2 公分）左右的地方，然後讓這條線延伸過下顎。

6. 剃去耳朵兩側和後面的毛，再往下剃到喉部底部，形成一個 V 字形。

7. 剃去肛門部位的毛，小心別讓刀頭直接碰到皮膚（距離 1／8 到 1／4 英吋，0.3 到 0.6 公分）。

8. 剃腹部區域的毛，從腹股溝剃到肚臍下方再到大腿內側。

9. 使用 Oster A-5 理毛剪的 #8 號半、#7 號或 #5 號刀頭（取決於所需的毛皮長度），從頭顱底部修剪到尾巴根部。

10. 修剪尾巴的上半部，將層次融入兩側。將兩側向下梳，剪去下方的邊緣，形成羽毛狀。

11. 修剪尾巴的上半部，將層次融入兩側。將兩側向下梳，剪去下方的邊緣，形成羽毛狀。

威爾斯㹴

工具與設備

- 棉球
- 眼藥水（除淚痕液）
- 藥用耳粉
- 排梳（疏齒）
- 指甲剪
- Oster A－5理毛剪／ #5號、#7號、#8號 半、#10號刀頭
- 剪刀
- 針梳
- 打薄剪

威爾斯㹴

12. 斜向下修剪胸部到胸骨，到雙腳中央前方。

13. 從背部下方的修剪痕跡繼續，修剪腹部兩側，使其成為拱型的形狀。（從側面看，修剪的線條應該從胸骨斜向下，穿過前腿的上方，向上傾斜穿過腹部，在臀部上方拱起並向下到達後方。）

14. 用針梳梳理毛皮，以去除多餘的毛。

15. 為防止水分進入耳道，先將棉球塞入耳朵中再幫犬隻洗澡。洗完之後以烘毛籠烘乾。

16. 梳毛。

17. 用先前用過的 Oster A-5 理毛剪，重覆該步驟，整理毛皮的層次。

18. 以剪刀修剪耳朵邊緣的毛。

19. 在眉心修剪出一個 V 字形。

20. 將臉部和眉毛的毛向前、向下梳。用剪刀從鼻子底部以一定角度對準外眼角，以這個角度修剪眉毛，形成一個三角形。注意別剪掉吻部的毛。

21. 修剪下顎的鬍鬚邊緣與兩側的雜毛。用打薄剪修剪鬍鬚的形狀，使其呈長圓筒狀。

22. 用打薄剪修剪口鼻部位的雜毛。

23. 修剪肉球縫的的毛，讓犬隻在站立的時候可以使腳呈現圓形。【注意：這樣做可以在稍後修剪腿部時有個基準。】

24. 將前腳剪成圓筒狀。

25. 將胸部邊緣的毛修剪均勻。

26. 沿著犬隻身體的邊緣修剪腹部，讓前腳的肘部到側腹呈現出修長的感覺。

27. 依照自然的輪廓修剪後腿。（從後方看，兩隻後腿的外側應該要是直的。內側也要維持筆直，到大腿的地方要呈現拱型接到剃出的線條，形成「萬能㹴的拱型」。）

28. 輕輕梳理腿部、輪廓和面部，去除多餘的毛，視需求修剪雜毛。

威爾斯㹴每六到八週就應該美容一次。耳朵則需要每週檢查一次，在必要時進行清潔，指甲在美容時一併檢查與修剪。

#5, #7, #8½, #10

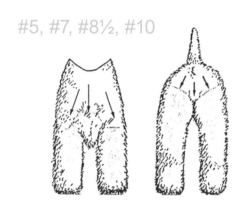

#10 →

#5, #7, #8½
↓

西高地白㹴

工具與設備

- 酒精
- 梳子
- 棉球
- 礦物油
- 指甲剪
- Oster A—5理毛剪／ #5號、#7號、#8號 半、#10號刀頭
- 剪刀
- 針梳
- 止血粉
- 打薄剪

美容程序

1. 以指甲剪修剪指甲的末端。指甲裡面的血管可能會流血，以防萬一，要準備止血粉備用。也許你會希望在浴缸裡面剪指甲；犬隻在浴缸裡面比較沒那麼緊張。

2. 用針梳徹底梳理毛皮，去除打結、壞死毛皮與皮屑。

3. 耳朵可以用棉球與液態洗耳液進行清理；不過，還是比較建議用酒精取代清潔劑。

4. 用 Oster A－5理毛剪與 #10 號刀頭，將肛門附近的毛修剪至 1／2 英吋（1公分）以內。

5. 用同樣的刀頭，將腹股溝的毛全部剃乾淨。

6. 用同樣的刀頭，將腹股溝的毛全部剃乾淨。

7. 從頸部的頂端，向下修剪至肩部。

8. 將肩部當作基準線，以同樣的方式修剪身體到臀部。

9. 用同樣的刀頭，從頸部的頂端向下修剪至胸骨。

10. 使用 #10 號刀頭電剪，修剪耳朵的上半段。

11. 用剪刀，將耳朵的上方修圓，使其呈現整潔的樣貌。

12. 用同樣的刀頭，修剪尾巴的根部到末端，另一邊的毛留著不要剪。

13. 用打薄剪修剪尾巴另一邊的毛，讓它看起來像是聖誕樹的形狀（尾巴根部的毛要留長）。

14. 修剪腳部下方的毛，使其長度與肉球相等。

15. 用剪刀修剪腳部的毛，使其看起來呈圓型。

16. 用打薄剪修剪西高地白㹴的頭部，使其從正面看起來圓滾滾的。

17. 眉毛可以用打薄剪進行修剪，使其從側面看起來像是遮陽板的樣子。只有一條長長的眉毛，就像遮陽板。
18. 小心地修剪眼睛下方的毛。
19. 幫犬隻洗澡。因為西高地白㹴是白色毛皮的犬種，你也許會想要用亮白型的洗毛精或是針對敏感性肌膚的洗毛精。
20. 用烘毛籠烘乾或是用吹風機手吹吹蓬。
21. 往外梳理犬隻的毛，用打薄剪剪掉突出的雜毛。

西高地白㹴每四到六週就應該美容一次。

#5, #7, #8½

← #5
#7
#8½

惠比特犬

美容程序

1. 用豬鬃梳俐落地刷犬隻的毛皮。
2. 以藥用耳粉清潔耳朵。
3. 用棉球沾眼藥水清潔眼睛部位。這也有助於去除眼睛週遭的髒汙。
4. 以指甲剪剪去指甲的尖端，小心不要剪到肉。
5. 用剪刀修剪吻部、下巴、臉頰兩側與眼睛上方的毛。【注意：若不是參展犬隻，則要不要修剪這些毛由飼主決定。】
6. 為防止水分進入耳道，先將棉球塞入耳朵中，現在你可以準備幫犬隻洗澡了。以烘毛籠烘乾毛皮。
7. 將些許羊毛脂護毛劑擠到手上，搓揉後輕輕按摩使其滲入犬隻毛皮。
8. 用豬鬃梳塗開護毛劑，然後用麂皮布輕輕擦拭毛皮，這能讓毛皮煥發光澤。

　　惠比特犬只要每八到十週洗一次澡就可以了。平常飼主的梳理便能維持犬隻健康、亮澤的毛皮外觀。耳朵應該每週檢查一次，必要時進行清潔。每月檢查一次指甲，必要時進行修剪。

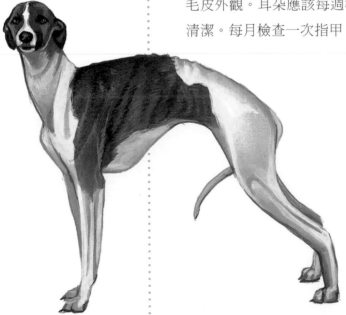

美容程序

1. 修剪指甲，只剪去最前端的部分；要避免剪到肉。如果流血了，用止血粉來止血。粗糙的部分用銼刀打磨圓滑。

2. 用洗耳液清理耳朵。以棉球沾洗耳液，清除兩耳累積的髒汙與耳垢。

3. 以針梳徹底梳理毛皮，去除壞死毛皮與糾結。

4. 以你選擇的洗毛精為犬隻洗澡。徹底沖洗乾淨。

5. 用毛巾將犬隻身體擦至半乾，再用吹風機完全吹乾。

6. 剛毛指示格里芬犬是一種外觀上看起來較為天然的犬隻，但這並不是說牠就不需要打理外觀。任何突出、破壞犬隻輪廓的毛都應該予以拔除。頭部、臉頰、耳朵上的毛要比其他地方的毛短一點。稍微強調眉毛和鬍鬚。頸部的毛要剪短，以凸顯警部的長度。尾巴下面的部分可以清理乾淨。

7. 用直式剪刀修剪掉肉球和腳部外緣的毛。腳部的上方應該以去除掉腳趾間和腳掌間的毛的方式來清理。

　　剛毛指示格里芬犬應該呈現自然的樣貌，但還是需要定期整理以避免毛長得太長。這個犬種每八到十二週就應該美容一次。

剛毛指示
格里芬犬

工具與設備

- 梳子
- 棉球
- 洗耳液
- 指甲剪（圓洞式或直剪式）
- 洗毛精（泛用型或增蓬型）
- 針梳
- 直式剪刀
- 止血粉

約克夏

工具與設備

- 棉球
- 眼藥水（除淚痕液）
- 拆結排梳
- 藥用耳粉
- 排梳（疏齒／密齒）
- 指甲剪
- Oster A－5電剪／#10
  、#15號刀頭
- 髮圈
- 直式剪刀
- 針梳

美容程序

1. 用針梳梳理犬隻全身的毛皮。這個犬種的毛皮不盡相同，有纖細、像絲綢的，也有厚重、像棉花的。後者往往很容易打結；如果打結了，用小型的開結疏去除掉糾結的部位。不管是哪一種毛皮，最後都是用細齒的鋼梳徹底梳理做結。

2. 以藥用耳粉清潔耳朵，並輕輕拔除耳朵內的雜毛。

3. 以指甲剪剪去指甲的尖端，小心不要剪到肉。

4. 用棉球沾眼藥水清潔眼睛部位。若是犬隻有眼睛過度流淚且沾黏的情形，請用剪刀將眼角淚痕剪除。

5. 用 #15 號刀頭電剪，剃去耳朵尖端的毛，內外都要，留大概 1／2 英吋（1 公分）的長度就好。剃過的地方附近用剪刀修整齊。

6. 使用 #10 號刀頭電剪，剃去肛門部位的毛，小心別讓刀頭直接碰到皮膚（距離 1／2 英吋，1 公分）

7. 使用 #10 號刀頭電剪，剃腹部區域的毛，從腹股溝刮到肚臍下方再到大腿內側。

8. 為防止水分進入耳道，先將棉分別球塞入耳朵中再幫犬隻洗澡，接著手吹吹蓬。

9. 為防止水分進入耳道，先將棉分別球塞入耳朵中再幫犬隻洗澡，接著手吹吹蓬。

10. 使用犬隻頭部從每一隻眼角到相對邊耳朵前角，以及兩耳之間橫越頭頂的毛髮，將其均勻地往後梳理，使用髮圈固定並上髮夾。或者你也可以將毛髮收集起來，勻稱的梳理後編成辮子，使用髮圈固定毛尾並上髮夾。

11. 用剪刀修剪肉球間的毛。將腿部的毛往下梳，在犬隻站立的時候，修剪腳部邊緣的毛，使其呈現圓柱形的外觀。

12. 修剪尾巴下方的毛髮，並沿著尾巴的外型進行修剪，使其呈現整潔的樣貌。

13. 最後使用密齒排梳對犬隻做完整的梳理。

　　有些美容師會在約克夏的身上使用護毛劑或其他相似的產品，但我發現，根據我的經驗，長期下來，這些產品會使毛皮打結的情況變得更加嚴重。使用含有蛋白質精華的優質洗毛精就夠了。

　　長毛約克夏每三到四個星期就應該清潔美容一次。耳朵應該每週檢查一次，必要時進行清潔。清潔美容的同時檢查指甲並作修剪。

　　對於喜歡短毛且可愛造型的飼主，可以參考一般資料裡面提供的泰迪熊型。

合著者

丹妮絲・多比什（Denise Dobish）

　　丹妮絲・多比什在過去的十三年中一直致力於比熊犬的育種並帶牠們參展；而在此之前，她則是專注於迷你雪納瑞的育種與美容。她所飼育或與其他人合養的七隻比熊犬中，已經有四隻（由她帶領參展）奪得了冠軍頭銜。

　　當丹妮絲正帶著她的第一隻比熊犬朝著冠軍之路邁進時，她來到了長島並遇見了名為喬治・特梅爾（George Temmel）的傑出美容師。喬治允許她在他的店裡幫忙，並指導她如何對要參展的犬隻進行美容。丹妮絲在夜校學習犬隻美容的相關知識，並以最高榮譽畢業。

　　之後，她開了自己的犬隻美容坊，專為比熊犬提供服務。還教導許多顧客關於參展的藝術，讓顧客奪得屬於他們的冠軍頭銜。丹妮絲樂於幫助詢問她關於犬隻行為或美容問題的人，對寵物健康有疑慮的人她也總是不吝為其指點迷津。

　　・丹妮絲為本書貢獻了關於比熊犬的部分。

蓋伊・M・恩斯特（Gay M. Ernst）

　　蓋伊・M・恩斯特自一九五五年就投身於犬隻美容、飼育與展覽。打從當年她買了一隻品質優良的可卡獵犬，並在曼哈頓一家犬隻美容坊擔任學徒，她便一頭栽進了犬隻世界。

　　一九六一年，她嫁給了威廉・恩斯特，他可是一名絕佳的可卡獵犬馴犬師。一九六一年到一九六九年間，他們共同經營著曼哈頓的 Dapper Dog Den。後來，比爾和蓋伊・恩斯特把兩人的名字合併在一起，創立了 BeGay Cockers，他們在康乃狄克州的新米爾福德買了一間狗舍，並在一九六六年到一九七七年間共同營運著。

　　一九七七年，比爾不幸去世，狗舍也隨之關閉。蓋伊帶著他們的三個孩子和可卡獵犬搬到了紐約的東漢普頓。一九七八年，她在附近的布里奇漢普頓開了一家犬隻美容坊，頂著 BeGay Cockers 的名字繼續培育可卡獵犬。迄今為止，BeGay Cockers 已經出了超過五十

隻冠軍犬，當中還不乏許多可卡獵犬因其特殊的毛色而打破紀錄。

· 蓋伊 · M · 恩斯特為本書貢獻了關於美國可卡獵犬的部分。

蘇珊 · 古特曼（Susan Gutman）

Dog Patch 是紐澤西州威斯特菲爾德一家替各種犬隻進行美容服務的店家，而蘇珊·古特曼就是它的老闆。身為一名紐約犬隻美容學院的畢業生，她從一九七四年來就一直在相關領域工作。她的犬隻美容坊有九名員工，他們為當地的募款組織提供服務，美國心臟協會就是他們的客戶之一，蘇珊·古特曼為其提供了一年的美容募款活動。

蘇珊為聯合縣的 4-H 犬隻俱樂部以及 seeing-eye 俱樂部講解日常的犬隻家庭護理，並對當地的童軍團體開放她的店鋪，讓他們研究寵物護理以獲得榮譽獎章。

一九八六年，蘇珊成了 Storer 有線通訊網路在寵物方面的第一位嘉賓，在節目上暢談夏季寵物護理的相關主題。

· 蘇珊 · 古特曼為本書貢獻了關於阿富汗獵犬、巴吉度獵犬、小獵犬與尋血獵犬的部分。

珊蒂 · 金恩（Sandy King）

珊蒂·金恩自一九六五年來就一直從事犬隻美容的工作，並從一九七〇年開始教授相關知識。除了犬隻美容，她在其他犬隻相關領域也相當活躍，像是西伯利亞雪橇犬、杜賓犬與德國牧羊犬的展覽等。她曾為伊斯頓快遞公司寫了十二年的犬隻相關專欄。珊蒂是美國國家犬隻美容師協會的成員，也是寵物業聯合諮詢委員會在賓夕法尼亞州的協調員。

· 珊蒂 · 金恩為本書貢獻了關於阿拉斯加雪橇犬、澳洲牧牛犬、澳洲㹴、古代長鬚牧羊犬、比利時瑪連萊犬、比利時牧羊犬、比利時特伏丹犬、伯恩山犬、邊境㹴、波士頓㹴、法蘭德斯畜牧犬、伯瑞犬、不列塔尼獵犬、牛頭㹴、卡提根威爾斯柯基犬、長毛牧羊犬、短毛牧羊犬、丹第丁蒙㹴、史賓格犬、英國玩賞小獵犬、短毛獵狐㹴、戈登蹲獵犬、大白熊犬、格雷伊獵犬、哈利犬、伊

比莎獵犬、愛爾蘭雪達犬、愛爾蘭㹴、愛爾蘭獵狼犬、義大利靈緹犬、日本玩賞小獵犬、凱斯犬、凱利藍㹴、庫瓦茲犬、湖畔㹴、曼徹斯特㹴、曼徹斯特玩具梗、英國獒犬、迷你品犬、紐芬蘭犬、諾福克㹴、挪威獵麋犬、潘布魯克威爾斯柯基犬、葡萄牙水狗、波利犬、喜樂蒂牧羊犬、愛爾蘭軟毛㹴以及一般資料的部分。

葛羅莉亞・路易斯（Gloria Lewis）

葛羅莉亞・路易斯飼養迷你雪納瑞已有二十五年經驗。除了是專業犬隻美容師，更是專業迷你雪納瑞馴犬師，她還和貝弗莉・皮薩諾（Beverly Pisano）合著《迷你雪納瑞》（暫譯，Miniature Schnauzers，TFH 出版）一書。許多由她馴養的犬隻都在安娜・凱瑟琳・尼古拉斯（Anna Katherine Nicholas）撰寫的《迷你雪納瑞之書》（暫譯，The Book of the Miniature Schnauzer，TFH 出版）與《狗舍俱樂部雜誌》（AKC Gazette）的封面上亮相。

・葛羅莉亞・路易斯為本書貢獻了關於迷你雪納瑞的部分。

蘇珊・塔普（Susan Tapp）

蘇珊・塔普已和犬隻在一起超過十五年，她也榮獲許多馴養犬隻的頭銜與育種冠軍。她是專業寵物美容認證有限公司（Professional Pet Groomers Certification, Inc）認可的大師級美容師，至今也贏得不少美容比賽。蘇珊曾在一所受到認可的大型美容專業學校擔任講師，現在她還提供私人課程。她參加了當地的美容協會和養犬俱樂部，且非常積極地帶她的愛爾蘭水獵犬參加服從、育種與美容比賽。在如此繁忙的行程下，她還能找時間打理自己的美容沙龍，Canine Castle。

・蘇珊・塔普為本書貢獻了關於猴㹴、美國水獵犬、黑褐色獵浣熊犬、蘇俄牧羊犬、拳師犬、布魯塞爾格林芬犬、鬥牛犬、乞沙比克獵犬、短毛吉娃娃、長毛吉娃娃、沙皮狗、鬆獅犬、克倫伯獵犬、英國可卡犬、捲毛尋回犬、大麥町、杜賓犬、英國塞特犬、田野獵犬、平毛尋回犬、法國鬥牛犬、德國短毛指示犬、德國剛毛指示犬、黃金獵犬、愛爾蘭水獵犬、拉布拉多犬、蝴蝶犬、博美犬、羅威那、薩塞克斯獵犬、維茲拉犬、威瑪犬與剛毛指示格里芬犬的部分。

麗莎‧帕拉陶（Risa Platau）

‧麗莎‧帕拉陶為本書貢獻了關於凱恩㹴與西高地白㹴的部分。

派特‧韋爾（Pat Wehrle）

派特‧韋爾是一名犬隻美容師兼自由藝術家。她帶巴哥犬參展已經有五年的時間，養巴哥犬的時間更長達十七年。一九八三年，派特在紐約的攝影比賽中的巴哥犬分類中奪冠，在一九八四年也獲得了大獎。

‧派特‧韋爾為本書貢獻了關於巴哥犬的部分。

雀兒喜‧央布拉德－基林（Chelsea Youngblood-Killeen）

雀兒喜‧央布拉德－基林幾年前回到英國，開始接觸犬隻美容。她和她的家人住在伍德斯托克，一個牛津市郊的小鎮。她的父母養了兩隻小型的貴賓犬。她一直對犬隻的美容很感興趣，有次當牠們該剪毛時，她拿起她母親的裁縫用剪刀，把兩隻狗剪得亂七八糟。她的父母從一開始的震驚到莞爾，最後忍俊不住的大笑。不過，最後他們決定，如果這是她心之所向，那拿他們的狗練習又何妨？在持之以恆地練習數週之後，她終於順利地將兩隻狗剪成了兩團可愛的毛球，但這次還是有賴她母親買的鋼梳與專業剪刀才成功的。

就在這個時候，當地寵物店老闆的妻子安妮決定卸下犬隻美容的工作，打算當個全職媽媽和家庭主婦。傑夫，也就是安妮的丈夫，問雀兒喜有沒有意願要學習犬隻美容。她欣喜若狂，說她第二天就可以開始上班！隔天一大早，她帶著梳子、剪刀和一把買來的刷子就衝出了家門。傑夫給了她一隻貴賓犬，一把剪刀、一把理毛剪和一個刀頭，要她打理一下這隻狗。從開始到結束花了雀兒喜大概三個小時的時間，一點問題也沒有，因為她已經在家裡練習了好幾個星期。

從那時起，在傑夫與安妮的指導下，雀兒喜對於工作愈來愈駕輕就熟，每隻她經手過的犬隻都讓她更加進步。她在那家店裡待了大概三年的時間，從數次參觀克魯弗茲狗展的經驗中學習了很多關於犬隻與修剪的知識。

多年來，雀兒喜在德國從事著犬隻美容的工作，她在那裡住了好一段時間，學習了貴賓犬的范布倫造型。這個造型不能剃除腹部與臀部以外的部位，還要將犬隻全身的毛皮均勻地進行修剪（這讓她想起了自己在犬隻美容的青澀歲月）。

她第一個在美國落腳的地方是南卡羅萊納州，她在那裡的一家犬隻美容坊工作，而那家店的老闆馴養了五隻比熊犬。老闆教會她如何因應比賽評審的要求對比熊犬進行美容。

雀兒喜現在住在紐澤西並從事犬隻美容。當她回顧自己工作過的不同國家，她了解到各地專業美容師都有其不同風格與技巧。她一直在觀察與傾聽，從各地學會各種技巧；她從來沒有忘記過，這些所謂的「秘密」是從誰身上學來的。

雀兒喜真地很感謝菲利斯（南卡羅萊納州，哥倫比亞）對她與比熊犬的百般容忍；感謝卡洛琳（南卡羅萊納州，哥倫比亞）教她的修剪貴賓犬的「秘密」；感謝摯友琳恩斯（康乃狄克洲）給她「餡餅臉」和西班牙獵犬「Ｖ」字型的建議。

· 雀兒喜・央布拉德－基林為本書貢獻了關於萬能㹴、秋田犬、美國史特富郡㹴、安那托利亞牧羊犬、澳洲卡爾比犬、貝生吉犬、巴色特・法福・布列塔尼犬、貝林登㹴、邊境牧羊犬、鬥牛獒、迷你牛頭㹴、查理斯王騎士犬、中國冠毛犬、長毛臘腸犬、短毛臘腸犬、捲毛臘腸犬、英國玩賞㹴（黑褐色）、美國愛斯基摩犬、埃什特雷拉山犬、芬蘭獵犬、美國獵狐犬、英國獵狐犬、捲毛獵狐㹴、德國牧羊犬、德國絨毛犬、巨型雪納瑞犬、峽谷㹴、大丹犬、哈密爾頓斯多弗爾犬、荷花瓦特犬、愛爾蘭紅白雪達犬、史畢諾犬、銀狐犬、查理王小獵犬、可蒙犬、蘭開夏赫勒犬、大木斯德蘭犬、蘭伯格犬、拉薩犬、羅秦犬、瑪爾濟斯、馬瑞馬牧羊犬、紐波利頓犬、挪威布哈德犬、挪利其㹴、英國古代牧羊犬、奧達獵犬、北京犬、迷你貝吉格里芬凡丁犬、指示犬、波蘭低地牧羊犬、貴賓犬（荷蘭型、狗舍型、綿羊型、幼犬型、皇家荷蘭型、夏季型、鄉村型）、貴賓犬頭臉型（面部無毛型、小鬍子型、法國小鬍子型）、羅得西亞背脊犬、長毛聖伯納犬、短毛聖伯納犬、薩路基獵犬、薩摩耶犬、史奇派克犬、蘇格蘭獵鹿犬、蘇格蘭梗犬、西里漢㹴、西施犬、西伯利亞哈士奇、澳洲絲毛㹴、斯凱㹴、北非獵犬、斯塔福郡鬥牛㹴、標準型雪納瑞、瑞典牧羊犬、藏獒、西藏㹴、威爾斯激飛獵犬、威爾斯㹴、惠比特犬、約克夏㹴、雜交品種犬與泰迪熊型修剪方式的部分。

繪者

理查德・戴維斯（Richard Davis）

　　理查德・戴維斯從紐澤西的新布倫瑞克藝術學院獲得了他的美術碩士學位，並在紐澤西的蒙矛斯學院獲得了美術學士學位。他把自己的時間分配給了繪畫與自由插畫，他還受雇於紐澤西的歐申縣學院，擔任兼任美術講師。

　　理查德的作品在紐澤西受到廣泛的邀展，包括在特倫頓州立博物館舉辦的集合展覽。在紐澤西州以外，他也參加過長島和紐約市的展覽活動。

　　理查德對於大自然充滿著興趣，並時常將國內外的野生動物融入他的作品之中。

照片來源

Utekhina Anne (Shutterstock): 24；Scott Bolster (Shutterstock): 25；Jennie Book (Shutterstock): 14；Joy Brown (Shutterstock): 9；Bonita R. Cheshier (Shutterstock): 17；Colour (Shutterstock): 27；Tanya Dvorak (Shutterstock): 25；Hannamariah (Shutterstock): 3；HannaMonika (Shutterstock): 5；Erik Isselée (Shutterstock): 4, 5, 14, 22, 33；JackF (Shutterstock): 18；Jambostock (Shutterstock): 5；Jessmine (Shutterstock): 27；Joingate (Shutterstock): 16；Kudrashka-a (Shutterstock): 9, 12；Nataliya Kuznetsova (Shutterstock): 5；Erik Lam (Shutterstock): 25；Sergey Lavrentev (Shutterstock): 29；Patrick McCall (Shutterstock): 25；Drabovich Olga (Shutterstock): 26；paparazzit (Shutterstock): 7；Michael Pettigrew (Shutterstock): 9；Nikolai Pozdev (Shutterstock): 6；Quayside (Shutterstock): 5；SasPartout (Shutterstock): 14；Shutterstock: 22, 23, 31；Karel Slavik (Shutterstock): 30；spe (Shutterstock): 19；Studio DMM Photography(Shutterstock): 4；Albert H. Teich (Shutterstock): 25；Jim Vallee (Shutterstock): 10；Martin Valigursky (Shutterstock): 26；WillieCole (Shutterstock): 1, 28；Cindi Wilson (Shutterstock): 17；Monika Wisniewska (Shutterstock): 7；yalayama (Shutterstock): 32

All other photos courtesy of TFH Publications, Inc. archives and Isabelle Francais.
All illustrations courtesy of Richard Davis.
原文書正封：Erik Isselée (Shutterstock), Kudrashka-a (Shutterstock), Multiart (Shutterstock), Toloubaev Stanislav (Shutterstock), WillieCole (Shutterstock),
原文書封底：Richard Davis (illustrations)

國家圖書館出版品預行編目資料

狗狗美容百科：164個品種的基礎美容詳解！ / 丹妮絲.多比什(Denise Dobish)等合著；楊豐懋、黑熊譯. -- 初版. -- 臺中市：晨星，2018.11
面；　公分. --（寵物館；73）

譯自：All-breed dog grooming

ISBN 978-986-443-512-8（平裝）

1. 犬 2. 寵物飼養

437.354　　　　　　　　　　　　　107015224

寵物館 73

狗狗美容百科：
164 個品種的基礎美容詳解！

合著者	丹妮絲‧多比什（Denise Dobish）、蓋伊‧M‧恩斯特（Gay M. Ernst）、蘇珊‧古特曼（Susan Gutman）、珊蒂‧金恩（Sandy King）、葛羅莉亞‧路易斯（Gloria Lewis）、蘇珊‧塔普（Susan Tapp）、麗莎‧帕拉陶（Risa Platau）、派特‧韋爾（Pat Wehrle）、雀兒喜‧央布拉德—基林（Chelsea Youngblood-Killeen）
譯者	楊豐懋、黑熊
審訂者	梁憶萍
繪者	理查德‧戴維斯（Richard Davis）
編輯	李佳旻
美術設計	陳柔含
封面設計	言忍巾貞工作室
創辦人	陳銘民
發行所	晨星出版有限公司 407 台中市西屯區工業 30 路 1 號 1 樓 TEL：04-23595820　FAX：04-23550581 行政院新聞局版台業字第 2500 號
法律顧問	陳思成律師
初版	西元 2018 年 11 月 1 日
總經銷	知己圖書股份有限公司 106 台北市大安區辛亥路一段 30 號 9 樓 TEL：02-23672044 / 23672047　FAX：02-23635741 407 台中市西屯區工業 30 路 1 號 1 樓 TEL：04-23595819　FAX：04-23595493 E-mail：service@morningstar.com.tw 網路書店 http://www.morningstar.com.tw
讀者服務專線	04-23595819#230
郵政劃撥	15060393（知己圖書股份有限公司）
印刷	啟呈印刷股份有限公司

定價650元

ISBN 978-986-443-512-8

All-Breed Dog Grooming
Published by TFH Publications, Inc.
© 1987, 2010 TFH Publications, Inc.
All rights reserved

填寫線上回函
即享『晨星網路書店50元購書金』

您也可以填寫以下回函卡，拍照後私訊給　[f] 搜尋／ 晨星出版寵物館 🔍
就有機會得到小禮物唷！

◆ 讀 者 回 函 卡 ◆

姓名：＿＿＿＿＿＿＿＿＿　性別：□ 男　□ 女　生日：西元　　／　　／
教育程度：□國小 □國中　　□高中／職 □大學／專科　　□碩士 □博士
職業：□ 學生　　　□公教人員　　□企業／商業　□醫藥護理　□電子資訊
　　　□文化／媒體　□家庭主婦　　□製造業　　　□軍警消　　□農林漁牧
　　　□ 餐飲業　　□旅遊業　　　□創作／作家　□自由業　　□其他＿＿＿＿
* 必填 E-mail：＿＿＿＿＿＿＿＿＿＿＿＿＿＿＿＿　聯絡電話：＿＿＿＿＿＿＿＿
聯絡地址：□□□＿＿＿＿＿＿＿＿＿＿＿＿＿＿＿＿＿＿＿＿＿＿＿＿＿＿
購買書名：狗狗美容百科：164 個品種的基礎美容詳解！＿＿＿＿＿＿＿＿＿＿

· 促使您購買此書的原因？
□於 ＿＿＿＿＿ 書店尋找新知時　□親朋好友拍胸脯保證　□受文案或海報吸引
□看＿＿＿＿＿＿＿網路平台分享介紹　□翻閱 ＿＿＿＿＿＿ 報章雜誌時瞄到
□其他編輯萬萬想不到的過程：＿＿＿＿＿＿＿＿＿＿＿＿＿＿＿＿＿＿＿＿
· 怎樣的書最能吸引您呢？
□封面設計　□內容主題　□文案　□價格　□贈品　□作者　□其他 ＿＿＿＿＿＿

· 請勾選您的閱讀嗜好：
□文學小說　□社科史哲　□健康醫療　□心理勵志　□商管財經　□語言學習
□休閒旅遊　□生活娛樂　□宗教命理　□親子童書　□兩性情慾　□圖文插畫
□寵物　　　□科普　　　□自然　　　□設計／生活雜藝　□其他 ＿＿＿＿＿＿

加入晨星寵物館粉絲頁，分享更多好康新知趣聞
更多優質好書都在晨星網路書店　www.morningstar.com.tw

您不能錯過的好書

寵物美容師的五堂必修課

晉級世界級美容師真傳心法，熱愛寵物的你需要知道的知識

梁憶萍◎著

梁憶萍老師以其在寵物美容業經營多年的經驗，同時也是毛小孩媽媽的身分，設計出五大課程。期盼本書能聯繫起寵物美容師與飼主，增加彼此間的信任感，共創雙贏的局面。

定價：250 元

立即購買

狗狗美容師

幫狗狗做保養，其實一點也不難

全國動物醫院醫師群／寶羅國際寵物美容學苑團隊◎著

針對基本生理構造與簡易清潔的方法和步驟，讓飼主也能在家輕鬆為狗狗進行護理保養！照片和插圖相輔，圖解清楚細膩，閱讀輕鬆易懂，讓主人很快能成為狗狗的專屬造型師。

定價：250 元

立即購買

寵物香草藥妙方

以天然的香草藥力量，改善寵物寄生蟲、壓力性過敏、口腔疾病與心理發展問題！

謝青蘋◎著

5 種生活提案、24 道美味食譜、30 種寵物專屬香草介紹。本書推崇以食代藥，說明寵物可以吃哪些香藥草？如何吃對毛孩才有助益？讓你認識香草、活用香草，吃得健康、用得安心！

定價：350 元

立即購買

汪星人，想什麼？了解狗狗心情的 67 個祕訣

從細微的動作中看出狗狗的心事！

佐藤惠里奈◎著

為什麼狗狗不管在哪都想挖洞？為什麼狗狗隨時都在嗅聞地面？本書搭配簡單易懂的漫畫插圖，說明解讀狗狗心情的技巧。人類若能正確了解狗狗行為的意義，就能與牠順利溝通！

定價：290 元

立即購買